南京大学研究生"三个一百"优质课程建设项目建设成果

天气雷达结构与原理

葛文忠　丁荣安　赵　坤

慕熙昱　杨正玮　邵世卿　黄　浩　编著

气象出版社
China Meteorological Press

内 容 简 介

气象雷达是用于对大气中发生的各种天气现象进行探测的雷达,它可以探测大气温度、压力、湿度、风向、风速,识别大气中的云团、雨区及其他特定大气现象,是雷达领域中的一个重要分支,是气象观/探测装备中的至关重要的组成部分。现代气象雷达是一种将传统雷达技术与半导体集成技术、数字技术、计算机技术、自动控制技术和光纤通信技术融为一体的、具有现代科技特点的高技术系统。为了能使用好气象雷达及其探测资料,迫切需要一本难度适中且可以按照需要选读有关章节的书籍。为此,作者编著了本书。

本书共分 12 章,分别介绍了天气雷达的基本概述、天线馈线分系统、发射分系统、接收分系统、信号处理分系统、监控分系统、伺服分系统、数据处理与显示分系统、电源分系统、天气雷达的总体结构配置、天气雷达技术体制的分类、天气雷达中应用的新技术等内容。既有一定理论知识,又侧重实际应用,可以作为高等院校相关专业本科生和研究生的教材或参考书,也可供气象、水文、民航等部门从事天气预报、大气物理、大气探测的科研与技术人员在工作中学习和参考。

图书在版编目(C I P)数据

天气雷达结构与原理 / 葛文忠等编著. -- 北京 : 气象出版社, 2023.12
  ISBN 978-7-5029-8133-4

Ⅰ. ①天… Ⅱ. ①葛… Ⅲ. ①气象雷达 Ⅳ. ①TN959.4

中国国家版本馆CIP数据核字(2023)第254791号

天气雷达结构与原理
TIANQI LEIDA JIEGOU YU YUANLI

出版发行:气象出版社	
地 址:北京市海淀区中关村南大街 46 号	**邮政编码**:100081
电 话:010-68407112(总编室)	010-68408042(发行部)
网 址:http://www.qxcbs.com	**E - m a i l**:qxcbs@cma.gov.cn
责任编辑:刘瑞婷	**终 审**:张 斌
责任校对:张硕杰	**责任技编**:赵相宁
封面设计:艺点设计	
印 刷:北京建宏印刷有限公司	
开 本:720 mm×960 mm 1/16	**印 张**:12
字 数:244 千字	
版 次:2023 年 12 月第 1 版	**印 次**:2023 年 12 月第 1 次印刷
定 价:98.00 元	

目　录

第 1 章　概述

1.1　雷达的基本概念

雷达是一个外来语名词,是英文"Radar"的音译,来源于"Radio Detection and Ranging"的缩写,原意是"无线电探测和测距",即用无线电方法发现目标并测定其空间位置。因此,雷达也被称为"无线电定位"。

雷达在探测时,向空间定向发射电磁波,当电磁波遇到目标时,发生散射现象。其后向散射波中正对雷达的这一小部分称之为目标的反射波,被雷达接收,最终成为回波。雷达正是利用回波来发现目标并测定其位置的。目标的空间位置由其相对于雷达的距离、方位角和仰角表示。随着科学技术的发展,现代雷达不仅能测定目标的位置,而且能测量目标的运动速度及其他更多的有关目标的信息。

气象雷达是用于对大气中发生的各种天气现象进行探测的雷达,是利用气象目标如云、雨、湍流以及探空气球携带的探空仪等对电磁波的后向散射机制来发现它们,测定其空间位置,并采集气象目标所载信息。它可以探测大气温度、压力、湿度、风向、风速,识别大气中的云团、雨区及其他特定大气现象,是雷达领域中的一个重要分支,是气象观探测装备中的至关重要的组成部分。现代气象雷达是一种将传统雷达技术与半导体集成技术、数字技术、计算机技术、自动控制技术和光纤通信技术融为一体的、具有现代科技特点的高技术系统。

1.2　雷达的工作频率

凡是通过定向辐射电磁波能量、利用目标反射回来的回波实施探测或定位的设备,不论波的频率如何,这种设备均属于雷达系统的范畴。

1.2.1　电磁波的频谱

电磁波的频谱示意图如图 1.1 所示。

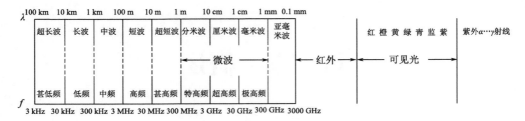

图 1.1　电磁波的频谱示意图

1.2.2　电磁波的波段划分范围和雷达波段

国际电信联盟(International Telecommunication Union 简称 ITU)规定了电磁波的波段划分范围及雷达波段,分别见表 1.1 和表 1.2。其中波段的名称是二战时为了保密,由美国电气与电子工程师协会(Institute of Electrical and Electronics Enginers 简称 IEEE)颁布的一项标准规定的,后来成为世界各国沿用的标准。

表 1.1　国际电信联盟波段划分范围[①]

波段名称	频率范围	波长范围
VHF(甚高频)	30～300 MHz	1～10 m
UHF(特高频)	300～1000 MHz	30～100 cm
P	230～1000 MHz	30～130 cm
L	1～2 GHz	15～30 cm
S	2～4 GHz	7.5～15 cm
C	4～8 GHz	3.75～7.5 cm
X	8～12.5 GHz	2.4～3.75 cm
Ku	12.5～18 GHz	1.67～2.4 cm
K	18～26.5 GHz	1.13～1.67 cm
Ka	26.5～40 GHz	7.5～11.3 mm
W	40～300 GHz	1～7.5 mm

表 1.2　国际电信联盟分配的雷达波段

波段名称	频率范围
P	420～450 MHz, 940～980 MHz
L	1215～1400 MHz

---

①　等级划分标准:等级数值划分区域包含小值,不包含大值,全书同。

续表

波段名称	频率范围
S	2.3～2.5 GHz, 2.7～3.7 GHz
C	5250～5925 MHz
X	8500～10680 MHz
Ku	13.4～14 GHz, 15.7～17.7 GHz
K	24.05～24.25 GHz
Ka	33.4～36 GHz

从 VHF(甚高频)到 UHF(特高频)跨两个波段中取 230～1000 MHz 定为 P 波段。在 L 波段 1～2 GHz 中,除了规定雷达波段为 1215～1400 MHz 之外,又规定气象业务波段为 1668.4～1710 MHz。

由上可见,绝大部分雷达工作在微波波段的 P、L、S、C、X、Ku、K、Ka、W 各分波段,每个分波段都以一个确定的典型波长作为代表,如表 1.3 所示。

表 1.3　雷达分波段的典型波长

波段	P	L	S	C	X	Ku	K	Ka	W
典型波长/cm	75	22	10	5	3	2	1.5	0.8	0.3

1.3　气象雷达的分类

由于将气象雷达集合成类的着眼点不同,存在许多分类方式。如按工作平台分类,有陆基固定、路基移动、星载、机载、球载(系留气球)等;按工作频率(波段)分类,有 S、C、X、L、P、毫米波、中频等;按工作体制分类,有脉冲多普勒,双偏振,相控阵,单脉冲和调频连续波等。然而最有实际意义的是按气象雷达使用的广度,即实际用途分类,主要有天气雷达(Weather Radar)、高空气象探测雷达(Upper-Air Meteorological Sounding Radar)和风廓线雷达(Wind Profiling Radar),此外还有测云雷达(Cloud Measuring Radar)、声雷达、声多普勒雷达等。

1.3.1　天气雷达

天气雷达也称测雨雷达(Rain Fall Measuring Radar),它是利用大气中云团、雨区内的降水粒子群对其所发射的电磁波的后向散射回波,来发现这类降水系统,测定其空间位置、垂直结构、强弱分布、移向、移速,掌握其生消演变过程,以及降水粒子的相态、形状,空间取向和尺寸分布,从而可以探测降水的发生、发展和移动,以此来警戒和跟踪降水天气系统。

天气雷达属于主动式微波大气遥感设备。大气遥感技术是指测量设备不与被测大气直接接触,而在一定距离之外测定大气成分和气象要素的技术。大气遥感技术分为主动式和被动式两种。主动式大气遥感测量技术是指人工向大气发射某种频率的高功率波信号,然后接收、分析并显示被大气散射或反射回来的波信号,从中提取有关气象信息的技术。被动式大气遥感测量技术则是直接接收大气本身或装备主体发射的波信号,利用它们在传输过程中与大气相互作用的物理效应提取大气信息的技术。

天气雷达包括模拟式或数字化常规天气雷达(即非相参天气雷达)、脉冲多普勒天气雷达(Pulse Doppler Weather Radar)以及偏振多普勒天气雷达(Polarimetric Doppler Weather Radar)。

1.3.2 高空气象探测雷达

高空气象探测雷达也称测风雷达(Wind Finding Radar),它与探空气球携带的无线电探空仪(Radiosonde)相配合,主要用来探测大气各高度上温度、湿度、气压、风向和风速。

高空气象探测雷达属于大气遥测设备。大气遥测技术是指测量区域与观测点相距较远,测量设备的传感器置于测量区域中,与被测气象要素直接接触,测量信息通过有线或无线通信传送到观测点,从而获得所需气象信息的测量技术。

高空气象探测雷达包括常规一次、二次高空气象探测雷达和全自动一次、二次高空气象探测雷达。

高空气象探测雷达探测大气各高度层的温度、湿度和气压数据,来源于探空仪中的各要素传感器,其工作机制与无线电定位无关,而风向、风速数据则是根据雷达在不同时间对探空仪进行无线电定位后的位置数据比较之后获取的,雷达的功用只体现在测风上,这就是高空气象探测雷达也被称为测风雷达的原因。

1.3.3 风廓线雷达

风廓线雷达也称风廓线仪(Wind Profiler),它用于探测大气不同高度上的平均风向和风速,得到风的垂直廓线。再与其他设备如无线电声探测系统(Radio Acoustical Sounding System,简称 RASS)、微波辐射计(Microwave Radiometer)配合,便可测得大气水平风场、垂直气压、大气湿度、大气温度、大气折射率结构常数等气象要素随高度的分布。

风廓线雷达属于主动式微波大气遥感设备,常用的频率范围为 30~100 MHz

（即 VHF 和 UHF 频段）；RASS 和微波辐射计则为被动式大气遥感设备。

大气按温度变化分层，从地面至其上 18 km 为对流层，其中地面至 3 km 高度称为边界层（摩擦层）；18～55 km 为平流层；55～90 km 为中间层；90～800 km 为热层；800 km 以上则为外大气层。

风廓线雷达根据其探测高度的不同，分为：边界层风廓线雷达，近地面 50 m～3 km；低对流层风廓线雷达，近地面 50 m～6（或 8）km；对流层风廓线雷达，近地面 50 m～16（或 18）km；对流层/低平流层风廓线雷达，近地面 50 m～20（或 30）km；中层大气风廓线雷达也称中频测风雷达 60～100 km。

气象雷达中除了上述天气雷达、高空气象探测雷达和风廓线雷达这三种基本类型之外，应用较多的还有如下几类：

测云雷达主要用来探测未形成降水的云层的高度、厚度（云底高、云顶高）、云量、云相态、云中气流分布等云内物理量。测云雷达包括 K 波段 24 GHz、波长 1.25 cm 和 Ka 波段 34.88 GHz、波长 0.86 cm 测云雷达，以及激光测云雷达。

声雷达（Song Detection And Ranging，简称 Sodar），主要用来测量云层的厚度以及探测大气逆温层，与其他设备配合也可测大气温度。多普勒声雷达（Doppler Sodar）可用来探测底层大气的铅直运动速度。由于声波（Song）不属于原来意义的无线电波（Radio），因此严格地讲，将声雷达改称为"声达"更为确切。

1.4　气象雷达的基本组成和概略工作过程

1.4.1　基本组成

气象雷达作为一种能够完成无线电定位功能和提供气象产品的系统，是由一些各自具有特定功能的基本分系统组合而成的。无论是天气雷达、高空气象探测雷达、风廓线雷达或测云雷达等，大致都具有天线馈线、发射、接收、信号处理、数据处理与显示、监控、伺服和电源等分系统以天气雷达为例，其组成示意图如图 1.2 所示。

1.4.2　概略工作过程

发射分系统产生高功率射频发射脉冲。天线馈线分系统中的馈线部分用来传输射频发射脉冲能量至天线，由天线将射频发射脉冲能量聚焦成束向空间定向辐射。从气象目标散射回来的射频回波脉冲能量被天线接收后由馈线部分传送至接收分系统。接收分系统接收微弱的射频回波脉冲信号，经过频率变换、幅度放大和检波后成为视频回波脉冲信号，或者再将每一个视频回波脉冲信号加工成幅度相等、相位正交

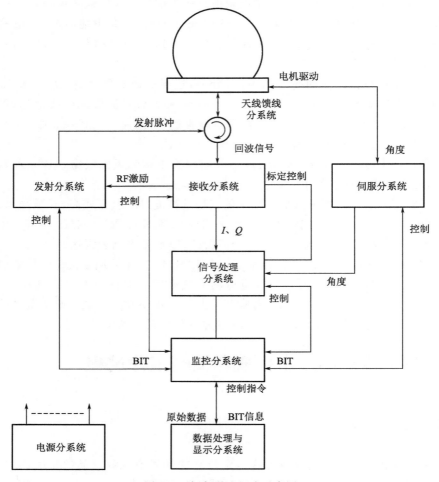

图 1.2　气象雷达组成示意图

的两个（一对）视频脉冲信号，即 I/Q 信号，送往信号处理分系统。信号处理分系统将视频回波脉冲信号根据最终形成气象产品的需要进行各种技术处理，从而得到气象目标的基本数据，如多普勒天气雷达的强度即反射率因子 dBZ、径向速度 V 和速度谱宽 W 数据；高空气象探测雷达的探空电码与目标斜距数据等。数据处理与显示分系统将气象目标的基本数据进行处理，进而形成各种气象产品在终端显示。监控分系统负责对雷达全机工作状态的监测和控制，实现机内检测（Built-in Test，BIT）功能。伺服分系统完成雷达天线的方位和俯仰扫描控制，因此也被称为天线控制分系统。采用相控阵天线的风廓线雷达无需伺服分系统。电源分系统也称配电分系统，负责向全机各分系统提供电源。

　　雷达各分系统之间的信号联系,根据具体情况,不外乎如下三种连接方式,一是直接采用同轴电缆或导线连接;二是组建局域网,通过网线连接;三是采用光纤通信方式,通过光纤连接。

1.5　气象目标空间位置的测定

　　不同类别的气象雷达,由于功能上的差异,可提供的气象产品各不相同,获得产品的机理也不相同。然而,从根本上讲,它们的无线电定位即测定目标位置的机理是完全一样的。前已提及,目标的空间位置由其相对于雷达的距离、方位角和仰角表示。图 1.3 用来说明雷达探测的目标距离(斜距)R、方位角 α 和仰角 β。

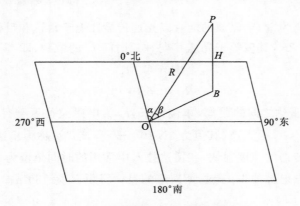

图 1.3　目标的斜距 R、方位角 α 和仰角 β

　　由图 1.3 可见,目标的斜距 R 为从雷达(图中坐标原点 O)到目标 P 的直线距离 OP;目标的方位角 α 为目标斜距 R 在水平面上的投影 OB 与规定的起始方向正北 0° 在水平面上的夹角;目标的仰角 β 为斜距 R 与它在水平面上的投影 OB 在铅垂面上的夹角。还可以引申出目标的高度 H:

$$H = R \cdot \sin\beta 。 \tag{1.1}$$

1.5.1　目标斜距的测量

　　雷达对目标斜距的测量是基于电磁波在均匀介质中以光速作匀速直线传播,并在传播过程中遇到物体会产生散射的原理。

　　雷达工作时,发射分系统经天线向空间定向发射一连串重复周期一定的高功率射频发射脉冲,电磁波在传播的途径上遇到目标时产生二次散射,其中正对天线的这部分后向散射波(称为反射波)成为回波,被接收分系统接收。这样,回波信号将滞后于发射脉冲一段时间 t_r,如图 1.4 所示。

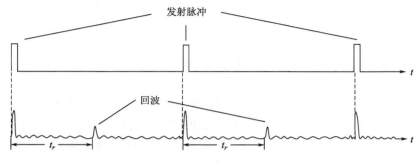

图 1.4　目标回波滞后于发射脉冲示意图

设目标的距离为 R,电磁波的能量以光速传播往返于雷达和目标之间,产生了回波,传播的距离为 $2R$,其值等于光速 C 与往返时间 t_r 的乘积,即

$$2R = C \cdot t_r$$

或 $$R = 0.5C \cdot t_r \qquad (1.2)$$

式中 R 为目标与雷达之间的距离,单位为 m,t_r 为电磁波往返于目标和雷达之间的时间间隔,单位为 s;C 为光速,其值为 3×10^8 m/s。该式被称为雷达测距方程。

由于电磁波传播的速度很快,在雷达技术中常用的时间单位为 μs,$1\ \mu$s $= 10^{-6}$ s。当回波脉冲滞后发射脉冲 $1\ \mu$s 时,所对应的目标斜距 R 为 150 m。

1.5.2　目标方位角和仰角的测量

目标方位角或仰角就是目标角位置,在雷达技术中测量这两个角位置是利用天线的方向性来实现的。雷达天线将电磁能量汇集在窄波束内,当天线波束轴对准目标时,回波信号最强,如图 1.5 中实线所示。当目标偏离天线波束轴时,回波信号减弱,如图 1.5 中虚线所示。根据接收回波最强时的天线波束指向,就可确定目标的角位置。

1.5.3　目标相对速度的测量

雷达除了能测量目标的斜距、角位置之外,还能基于多普勒效应来测量运动目标的相对速度。当目标与雷达之间存在相对运动时,接收到的射频回波信号的射频频率(亦称载频)相对于射频发射信号的载频产生一个频移,这个频移在物理学上称为多普勒频移(f_d),它的数值为:

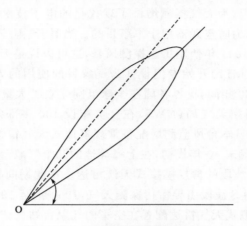

图 1.5　角位置测量示意图

$$f_d = \frac{2v_r}{\lambda}。 \tag{1.3}$$

式中,f_d 为多普勒频移,单位为 Hz,v_r 为雷达与目标之间的径向速度,单位为 m/s;λ 为载频所对应的波长,单位为 m。

当目标向着雷达运动时,$v_r>0$,回波载频升高;反之,$v_r<0$,回波载频降低。雷达只要能够测量出回波信号的多普勒频移 f_d,就可以确定目标与雷达之间的相对径向速度。

以上提及的射频,意思是可以辐射到空间的电磁波频率,其范围为 300 kHz~300 GHz。射频也被称为载波频率(载频),这是沿用无线电通信中的术语。带有信息的音频信号由于频率太低,不能向空间辐射,将其调制在射频上,就可以由射频载着它向空间辐射,在接收点解调后取出音频信号,完成了信息传递。在这个过程中射频信号本身不含任何信息,射频电磁波只起到了承载的作用,所以称为载波,于是雷达中将射频也称之为载频。

对于多普勒天气雷达而言,上面讨论的运动目标是指构成云团和雨区的降水粒子群。

1.6　天气雷达的发展简况

天气雷达的发展主要体现在技术和体制的发展上。从 20 世纪 40 年代最初的常规非相参模拟式天气雷达开始,经历了常规非相参数字化天气雷达、脉冲多普勒天气雷达到如今的双偏振脉冲多普勒天气雷达这么几个阶段。

在天气雷达发展的最初阶段,首先由常规非相参模拟式天气雷达敲开了雷达技术通向气象领域的大门,为大气探测增添了现代化的电子技术装备。在第二次世界大战之前,雷达都是作为防空武器用于军事目的。当时云、雨等气象目标被认为是一种干扰。英国最先于 1941 年使用雷达探测风暴,这可以说是天气雷达的萌芽。1942年美国麻省理工学院(MIT)开始专门设计为气象目的使用的天气雷达。从 20 世纪40 年代到 60 年代的 30 年间,世界各国在全球范围建立了大量的常规非相参模拟式天气雷达站,如美国国家天气局(NWS)在全美布设 100 多部常规模拟式 S 波段的WSR-57 型天气雷达;日本台风监测网配备常规模拟式天气雷达 30 多部。我国气象部门在 20 世纪 50 年代末 60 年代初,在上海等地的几个气象台站安装了从英国和日本进口的 X 波段和 C 波段的常规模拟式天气雷达。在此期间我国空军于 1957 年 7月用前苏联产 Π-20 型 S 波段引导雷达探测天气,1960 年至 1965 年间从英国进口 3部 DECCA 型常规模拟式天气雷达配置在空军的气象台站。

到了 20 世纪 70 年代,随着科学技术的发展,人们对于探测气象目标数据的精度以及探测过程的自动化程度要求越来越高,并且在实践中开始将飞速发展的数字技术、计算机技术与雷达技术紧密结合起来,为雷达探测数据的收集、处理、贮存和传输创造了极为有利的条件,从而大大提高了雷达的探测精度和自动化程度。在 20 世纪70 年代初,美国、日本、法国等国就研制了具有电子计算机的常规非相参数字化天气雷达,如美国的 WSR-74C、日本的 MR-64M 等。我国在 1970 年 2 月首次将自行研制和生产的 711 型 X 波段常规模拟式天气雷达装备部队,很快配置至全国各地气象台站,随之而来的是国产 712 型(X 波段)、713 型(C 波段)常规模拟式天气雷达分别配置到部队和地方气象台站。其中 711 型天气雷达在全国建站 200 多个。20 世纪 80年代以来,美国实施"下一代天气雷达(NEXRAD)"计划,准备用一种统一型号的 S波段全相参脉冲多普勒天气雷达在全美组网,以取代当时所用的常规非相参数字化天气雷达。在此期间我国先后为 711、712、713 型天气雷达研制出计算机数据处理设备,并在 20 世纪 80 年代研制出 714 型和 K/LLX 716 型等数字化天气雷达。

到了 20 世纪 90 年代,随着数字技术、计算机技术和雷达技术的进一步迅速发展,天气雷达扩展了所探测的气象信息种类、提供了更多有用的气象二次产品。美国从 20 世纪 90 年代初就开始在全美范围逐步用下一代天气雷达 NEXRAD 布网,这是一种型号为 WSR-88D 的 S 波段全相参脉冲多普勒天气雷达。至 1996 年已布设166 部。在完成布网投入业务运行后,还不断进行技术改造和更新。欧洲在 90 年代投入业务运行的天气雷达多达百部,其中多普勒天气雷达约占一半。韩国、新加坡、泰国、土耳其、中国台湾和香港等国家和地区都已引进美国的 WSR-88D 型多普勒天气雷达。我国在 1986 年从美国引进两部多普勒天气雷达。1997 年上海市气象局引进 WSR-88D。从 80 年代末开始,我国自动研制成功多种国产 X、C、S 波段的中频相参(接收相参)和全相参脉冲多普勒天气雷达。其中,为中国气象局新一代天气雷达(CINRAD)计划的顺利实施,提供了多种 S 波段和 C 波段脉冲多普勒天气雷达组建国家天气雷达网。这些雷达命名型号为 CINRAD/S 和 CINRAD/C,在每种型号名的最后,添加一个英文字母代码 A、B、C 或 D,用以表明研制单位的不同。例如:CIN-RAD/SA 型是北京敏视达雷达有限公司的产品;CINRAD/SC 型是成都国营七八四厂的产品;CINRAD/CC 型是安徽四创电子股份有限公司的产品等等。至 21 世纪中国气象局已布设组网多普勒天气雷达 158 部,其中 S 波段 87 部,C 波段 71 部。

常规非相参天气雷达的回波信息是单一的强度信息。如数字化常规非相参天气雷达提供气象目标的强度 dBZ 值,相应地它只从回波中取得幅度信息。而多普勒天气雷达的回波信息,除了强度 dBZ 值之外,还以多普勒效应为基础,取得回波的相位信息,通过接收信号与发射信号高频频率(相位)之间存在的差异,得出雷达电磁波束有效照射体积内、降水粒子群相对于雷达的平均径向运动速度 V 和速度谱宽 W,在一定条件下可反演出大气风场、气流垂直速度的分布以及湍流状况等,从而使多普勒天气雷达成为分析中小尺度天气系统、警戒强对流危险天气,制作短时天气预报的强有力的工具。

从 20 世纪 90 年代末到本世纪初,各国都更致力于将多种新技术融入天气雷达系统中,以进一步扩展天气雷达探测的信息种类和提供更多有用的气象二次产品。应用双偏振(极化)雷达技术,是最有代表性的发展方向。因为这种技术除了获取气象回波的幅度、相位信息之外,更获取了回波的偏振(极化)信息,从而使其在探测冰雹、提高定量测定降水的精度以及了解水粒子的大小分布、形状、相态和空间取向等方面有很好作用。目前美国已对 WSR-88D 型多普勒天气雷达实现了全面升级,成为 WSR-88DP 型双偏振多普勒天气雷达。英国、加拿大、法国、日本、澳大利亚、意大利、荷兰等国家,都已经在气象业务领域用上了双偏振多普勒天气雷达。我国在 20 世纪 90 年代末已有多家雷达研发单位先后分别开始自行研制 X、C、S 波段双偏振多普勒天气雷达,并先后研制成功多种型号不同波段的双偏振脉冲多普勒天气雷达,逐步装备部队和地方气象部门,并提供有关院校用于教学和科研。除此之外,对采用新技术和新工艺,体制的全固态天气雷达和相控阵天气雷达的研发,也被提上议事日程。如今,随着我国新时期经济社会科学技术迅猛创新发展的步伐,我们已经自主研发多种型号的全固态天气雷达和相控阵天气雷达,包括双偏振相控阵天气雷达,为大气探测增添了新型的气象探测电子装备,更好地为大气探测事业服务。

第2章　天线馈线分系统

2.1　组成与功能

天气雷达的天线馈线分系统由天线和馈线两部分组成。其功能是,在雷达发射时,由馈线部分以尽可能小的损耗将发射分系统产生的高功率射频发射脉冲能量传输到天线,再由天线将射频能量定向辐射到空间;在雷达接收时,由天线接收微弱的射频回波脉冲能量,经馈线有效地传输到接收分系统。其中,馈线部分应具备传输损耗小,并在雷达发射高功率射频脉冲时,保护接收分系统前端设备不被高功率射频能量烧毁的性能;天线则应具备良好的使电磁波能量顺畅地传输和聚焦性能。

天气雷达天线馈线分系统的组成示意图如图 2.1 所示。天线部分由馈源和反射体组成;馈线部分由具有不同功能的微波器件(即定向耦合器、四端环行器、收发放电管、旋转阻流关节、波导同轴转换器等)及互相连接的不同形状的波导组成。波导将各微波器件与馈源相互连接起来,同时天线馈线分系统也通过波导或同轴电缆分别与发射分系统、接收分系统连接起来,形成系统的雷达射频电磁波能量的传输通道。

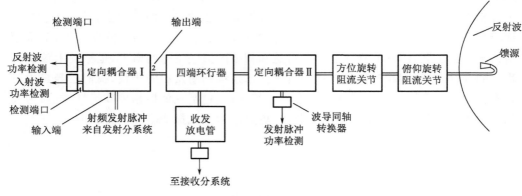

图 2.1　天线馈线分系统组成示意图

对于固定式的天气雷达而言,为了使雷达能全天候正常工作,天线部分配备了天线罩,用来保护本分系统的馈源、反射体、传输波导、旋转阻流关节和伺服分系统的驱动电机以及天线转台等设备,免受风吹雨打,以及潮气和盐雾的侵袭。

2.2　天线部分

2.2.1　馈源

天线部分的馈源是雷达高功率发射脉冲电磁波能量的辐射器。天气雷达中通常采用口径面为正圆形或长方形的喇叭口辐射器。前者如共轴双模喇叭口辐射器,后者如角锥形喇叭口辐射器,它们的外形示意图如图 2.2 所示。

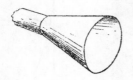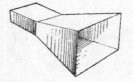

图 2.2　喇叭口辐射器示意图

2.2.2　反射体

天气雷达通常采用旋转抛物面反射体,其外形和原理示意图如图 2.3 所示。其中图 2.3a 为外形图。图 2.3b 中的曲面是抛物面,可以看成是由抛物线绕其轴即 x 轴旋转 360°而成,故称旋转抛物面。O 点是抛物面的顶点,F 点是抛物面的焦点,PP' 连线是抛物面的口径面。抛物面具有以下特性:从抛物面焦点到抛物面上任意一点的距离,加上由该点到口径面的垂直距离,都是相等的。例如图中:

$$\overline{FA} + \overline{AB} = \overline{FC} + \overline{CD} = \overline{FP}$$

因此,从焦点出发的球面波,经过抛物面各点反射后到达口径面时,都经历了相等的行程,在口径面上就形成了等相位面的平面波,向着同一个方向辐射出去。

雷达在安装时,将馈源的喇叭口口径面的中心置于旋转抛物面反射体的抛物面的焦点上。雷达发射时来自发射分系统的高功率发射脉冲电磁波能量依次经过定向耦合器Ⅰ、四端环行器、定向耦合器Ⅱ、方位及俯仰旋转关节,送达馈源。从馈源的喇叭口以球面波的形式辐射出来,经过抛物面反射体的反射后,在抛物面天线的口径面上以平面波的形式被聚焦成一束狭窄的高功率电磁波向空间定向辐射出去。雷达接收回波时,从气象目标后向散射波中正对雷达天线的这一小部分微弱的反射波电磁能被天线接收下来,之后首先沿着与发射过程相反的途径从馈源经俯仰、方位旋转阻

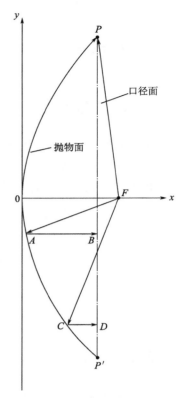

(a) 外形图   (b) 原理示意图

图 2.3 抛物面反射体的外形和原理示意图

流关节、定向耦合器Ⅱ,到达四端环行器,经收发放电管和波导同轴转换器送至接收分系统。

目前有的天气雷达采用卡塞格伦天线体制,这种体制天线的反射体由抛物面主反射体和双曲面副反射体有机构成,其外形和工作原理示意图如图 2.4 所示。其中图 2.4a 为外形图。图 2.4b 中 F_1 为双曲面的实焦点,F_2 为双曲面的虚焦点。馈源置于实焦点 F_1 处,使双曲面的虚焦点 F_2 与抛物面的焦点重合。这样一来,馈源从 F_1 点处发出的射线,经过双曲面反射体反射后,该射线就相当于直接从双曲面的虚焦点 F_2 处,也就是从抛物面的焦点处向抛物面主反射体发射一样,被抛物面反射成平面波向空间定向辐射。

卡塞格论天线中双曲面副反射体的作用相当于将馈源的位置由原抛物面的焦点处移至双曲面的实焦点处。这样就将馈源对抛物面的前馈辐射形式改变为反向 180°的、姑且称之为后馈辐射形式,从而使馈源方便地位于主反射面顶点附近,缩短了整

(a) 外形图

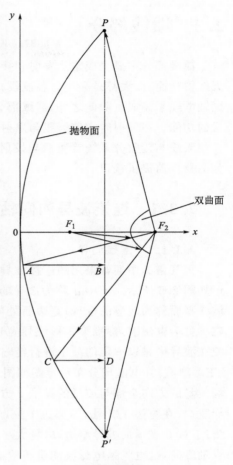

(b) 原理示意图

图 2.4　卡塞格伦天线的外形和原理示意图

个天线的轴向尺寸,同时,连接馈源的传输波导可以较短的长度通过主反射面顶点打孔穿出,而不必围绕整个抛物面反射体背面后才能连接,使天线的结构较为紧凑,制作、安装、调整也较为方便。

　　在抛物面口径和馈源结构、性能不变的条件下,将卡塞格伦天线主、副反射体等效为单个抛物面反射体的话,这个等效抛物面天线的口径与原来的相同,但是焦距增长了。抛物面天线的焦距越长,口径面电磁场的分布越均匀,提高了天线的口径利用系数和口径效率,最终提高了天线增益。

2.3　馈线部分

馈线部分主要完成雷达发射和接收电磁波能量的传输任务,对于 X、C、S 波段的天气雷达而言,大都是采用与各波段相应的尺寸规格的金属波导管(统称波导),以及同轴电缆来完成。除此之外,馈线部分还具有使雷达的发射和接收能使用同一副天线的功能。在发射时它使天线与发射分系统接通而与接收分系统断开;在接收时,它又使天线与接收分系统接通而与发射分系统断开。并能在测量分系统技术参数时,为测量仪器提供接口。

2.3.1　连接波导和同轴电缆

2.3.1.1　连接波导

天气雷达中通常采用的连接波导大多是用铜或铝做成的标准型矩形波导,其外形如图 2.5 所示。图中 a 称为波导的宽边;b 称为波导的窄边,$b=a/2$。窄边所处的波导平面称为波导的窄壁;宽边所处的波导平面称为波导的宽壁。传播中的交变电磁场称为电磁波,标准型矩形波导宽边 a 的长度略大于电磁波波长 λ 的 1/2。电磁波在波导中是以一定的波型进行传输的。在天气雷达矩形波导中传输的基本波型是 TE_{10} 型波,其电磁场分布示意图如图 2.6 所示。其中 TE 代表横电波,表示波导中电场矢量的方向全部与波导的纵轴 z 方向垂直,没有纵向的电场分量;下标 1 表示沿波导宽边,在宽边 1/2 处,即宽边中央,电力线密度最大,电场是最强的,呈现一个最大值;下标 0 表示沿波导窄边,电场大小没有变化。图中立体坐标 z 轴方向就是波导的纵轴方向,这也就是电磁波能量传输的方向。电磁波所传输的能量以能流密度矢量 S 来度量,S 称为坡印亭矢量,

$$S = E \times H \quad (W/m^2)$$

式中,E 为电场强度矢量,H 为磁场强度矢量。

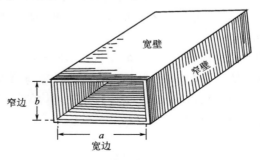

图 2.5　矩形波导外形示意图

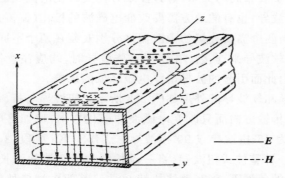

图 2.6　矩形波导内 TE_{10} 波的电磁场分布示意图

在已知电磁波的电场 E 和磁场 H 方向的前提下（E 和 H 的方向始终相互垂直），遵照右手螺旋定则，便可确定坡印亭矢量的传输方向：右手四指伸直并拢、拇指张开，掌心先迎接电场 E、再螺旋使掌心迎接磁场 H，大拇指所指方向就是坡印亭矢量的方向。

天气雷达馈线部分中除了大量采用矩形波导之外，在某些场合偶尔也会采用圆形波导。图 2.7 是圆形波导内 TM_{01} 波的电磁场分布示意图。其中 TM 代表横磁波，表示波导中磁场的方向全部与波导的轴心线（纵轴）方向垂直，没有纵向的磁场；下标 0 表示沿圆周方向电磁场没有变化；下标 1 表示沿半径方向磁场是呈现 1 次磁力线密度由稀到密的分布状况。可以看出：TM_{01} 波的电磁场分布是对称于波导轴心、不沿圆周方向变化的。

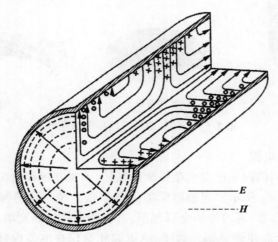

图 2.7　圆形波导内 TM_{01} 波的电磁场分布示意图

  由于微波器件安装布局的关系,有许多地方需要改变电磁波的传输方向,这就需要使用折波导和弯波导;也有的地方需要改变电磁波的极化(偏振)方向,这就需要使用扭波导。此外,当两个需要连接的微波器件分别安装在两个不同的安装平面上时,它们之间就需要用软波导来连接。在使用这些波导时,均应注意使波导的失配减至最低程度,并消除由此而引起的波导击穿电压降低的现象。

  折波导、弯波导和软波导的外形如图 2.8 所示。扭波导与折、弯波导的区别在于它不改变电磁波的传输方向而只改变电磁波的极化方向,比如将电磁波极化方向扭转 45°或 90°,就称为 45°扭波导或 90°扭波导。工作于 Ka 波段(8 mm)的雷达,其使用的 90°扭波导是一种整体式扭波导,将一段长度为 1/2 波导波长整数倍的波导管,在中轴线维持不变的条件下,将其整体扭转 90°,使其两个端口处的电磁波极化方向互相垂直,相差 90°。由于工作频率很高,波长很短,属于毫米波段,这样的 90°扭波导总长度还是比较短的,如图 2.9a 所示。而工作于 C 波段(5 cm)的雷达,其使用的 90°扭波导则是一种分段式扭波导,例如分 6 段逐步扭转电磁波的极化方向,其结构示意图如图 2.9b 所示。每一段扭转 15°,其总长度为 1/2 波导波长的整数倍,总长度确定后,在这个前提下确定每一个分段波导的长度。软波导是将由铜带绕制、折叠而形成的矩形波纹管,在其外部压上一层柔软性、黏性俱佳的硅橡胶而构成的。它的伸缩性较大,可以沿轴向压缩或伸展,也可以弯曲,当其所连接的器件发生震动时,能保证射频信号的正常传输。

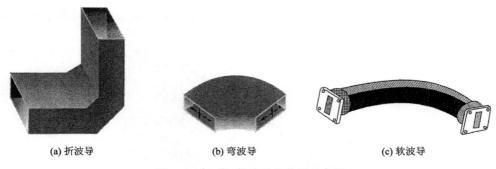

    (a) 折波导   (b) 弯波导   (c) 软波导

图 2.8 折、弯、软波导的外形示意图

2.3.1.2 同轴电缆

  天气雷达中采用的同轴电缆也就是软同轴线,由相互绝缘的内、外导体构成。其结构示意图如图 2.10a 所示。同轴电缆的内导体是直径一定的圆铜线,外导体是用铜丝编织成的网状套管,将内导体全部包围。内、外导体之间充填具有弹性的绝缘软介质,再用橡胶套管套住外导体。这样,电磁波能量仅在电缆内部传输,以避免辐射损失。由于内、外导体轴心相互重合,所以被称为同轴电缆。

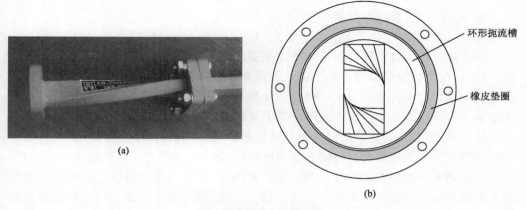

(a)

环形扼流槽

橡皮垫圈

(b)

图 2.9　两种 90°扭波导

　　在天气雷达中同轴电缆中传输的电磁波的基本波型是 TEM 型波,也就是横电磁波,TEM 波在同轴电缆中电磁场的分布示意图如图 2.10b 所示。TEM 表示同轴电缆中电场和磁场矢量的方向全部与同轴电缆的纵轴方向垂直,没有纵向的电磁场分量。TEM 波的磁场围绕内导体,电场则从外导体指向内导体、或由内导体指向外导体。TEM 波的电磁场分布对称于同轴电缆的轴心,是不沿外导体内径圆周方向变化的,这一点与圆波导中 TM_{01} 波的分布规律是相似的。

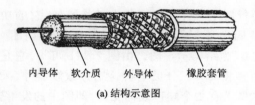

内导体　软介质　外导体　橡胶套管

(a) 结构示意图

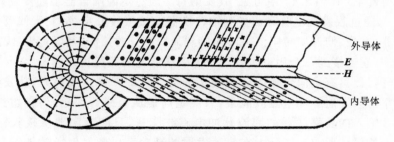

外导体

—— E

---- H

内导体

(b) TEM波的电磁场分布示意图

图 2.10　同轴电缆的结构和 TEM 波电磁场的分布示意图

2.3.2 定向耦合器

馈线部分中的定向耦合器是一种专用微波器件,用于获取检测信号样本。使用时,接入由传输波导联结组成的电磁波能量传输路径中。它能在电磁波能量通过时耦合出向指定方向传输的极小一部分能量作为检测样本,向其他方向传输的电磁波能量则无输出。图 2.1 中的定向耦合器 I 共有 4 个端口,端口 1 为输入端口,与发射分系统连接,高功率射频发射脉冲电磁波能量由此输入;端口 2 为输出端口,将高功率射频发射脉冲电磁波能量传输至四端环行器;端口 3 和端口 4 为检测端口,它们分别与两个波导同轴转换器相接。雷达发射时,端口 4 从来自发射分系统的高功率射频发射脉冲电磁波能量中耦合出极小一部分,经波导同轴转换器转换成馈线部分的入射波功率检测信号;端口 3 则从因系统不完全匹配导致的反射波电磁波能量中耦合出一小部分,经波导同轴转换器转换成馈线部分的反射波功率检测信号。依据这两种信号便可测定系统的输入驻波比这一技术参数的值。定向耦合器 II 只在雷达发射时,定向耦合取得发射脉冲电磁波能量中的极小一部分,经波导同轴转换器转换成发射脉冲功率检测样本,可送至测量仪器测定雷达发射功率。

2.3.3 四端环行器

馈线部分的四端环行器是一种波导型收发转换装置,它的功能是使雷达的发射和接收共用一副天线。四端环行器的外形和结构示意图如图 2.11 所示。其中图 2.11a 为外形图,图 2.11b 为结构示意图。由图 2.11b 可见,它是由阻抗变换式双 T 接头、非互易 90°铁氧体移相器和三分贝电桥这三种微波器件、采用波导方式连接组成的。四端环行器顾名思义有 4 个端口或称支臂,即图中的发射臂 1、天线臂 2、接收臂 3 和隔离臂 4。在图 2.11 中可见,其发射臂 1 通过定向耦合器 I 连接发射分系统;其接收臂 3,通过收发放电管和波导同轴转换器连接接收分系统;其天线臂 2 通过定向耦合器 II,方位、俯仰旋转阻流关节连接到天线部分的馈源;其隔离臂 4,在图 2.11 中没有标注,它连接到一个用以吸收剩余电磁波能量的匹配负载。

四端环行器具有定向传输电磁波能量的特性。即在雷达发射时,从发射臂 1 输入的高功率射频发射脉冲电磁波能量,只能定向地从天线臂 2 输出;在雷达接收时,从天线臂 2 输入的功率微弱的回波脉冲电磁波能量,只能定向地从接收臂 3 输出。这是理论上的设计要求。实际上在雷达发射的高功率射频发射脉冲持续期间,极大部分电磁波能量顺利地从天线臂 2 输出,最终送至馈源,然而总还会有少量剩余发射脉冲能量从四端环行器的隔离臂 4 输出。这部分剩余能量被匹配负载吸收。同样的道理,在高功率射频发射脉冲持续期间,四端环行器的接收臂 3 也会有少量剩余发射

(a) 外形图

(b) 结构示意图

图 2.11　四端环行器的外形和结构示意图

脉冲能量输出,由于发射脉冲的脉冲功率很高,即便是微量的剩余,如果直接与接收分系统连接,也能将接收分系统前端的低噪声高频放大器烧毁。因此,四端环行器的接收臂 3 是通过收发放电管(TR),再经波导同轴转换器再连接到接收分系统的。这样,在发射脉冲持续期间,收发放电管内部打火,切断了通道,保护了接收分系统的前端高放。雷达接收时,由于回波脉冲的功率很低、信号非常微弱,收发放电管内部不打火,回波脉冲信号顺利地传输到接收分系统。

2.3.4　阻流关节

天气雷达的馈线部分中,为了把各种微波器件接入波导传输通道,以及把各段波导连接起来,用了许多固定阻流关节。它们能保证连接处电气接触良好,不影响电磁波能量的传输。同时,由于雷达天线要作方位旋转和俯仰往返运动,这样就有一些波导要随着天线一起转动,于是就产生了一个如何将转动部分的波导和固定部分的波导连接起来的问题。方位和俯仰旋转阻流关节就是用来解决这个问题,将馈线转动部分和固定部分连接起来。

2.3.4.1　固定阻流关节

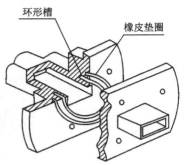

图 2.12　固定阻流关节的结构示意图

固定阻流关节的结构示意图如图 2.12 所示,它包括两个凸缘,也叫法兰盘,分别装在两段矩形波导的连接端口上,其中一个凸缘是平面的,也叫平面法兰;另一个凸缘上有两圈环形槽,也叫抗流法兰。在抗流法兰的一个环形槽中装有橡胶垫圈,另一个环形槽的深度为 1/4 波导波长,是一个扼流槽。

2.3.4.2　旋转阻流关节

方位旋转阻流关节和俯仰旋转阻流关节的内部结构完全相同,其示意图如图 2.13 所示。由图可见,旋转阻流关节由固定部分和转动部分组成,两部分中各有一段矩形波导和一段圆形波导。雷达发射时,高功率射频发射脉冲能量以 TE_{10} 型电磁波的形式通过旋转阻流关节固定部分的一段矩形波导传输到固定部分的圆形波导,在圆形波导内激励起 TM_{01} 型电磁波。TM_{01} 波传输到转动部分的圆形波导后,在与其相接的转动部分的矩形波导中激励起 TE_{10} 型电磁波。固定部分的圆形波导与转动部分的圆形波导,在电气上是一个整体,而在机械上不能直接相连,在两者之间存在着有规则的缝隙,缝隙的形状及其宽度与深度,都是经过精心设计,构成了一个有效的阻流设施,即所谓的扼流槽。其槽口对传输的电磁波而言,理论上阻抗均为零,不影响电磁波的传输。前已提及,圆形波导中 TM_{01} 波型的电磁场分布是对称于波导轴心的,这就保证在天线带动旋转阻流关节转动部分转动时,波导中的波型不会发生变化、不会影响正常传输,最终将高功率射频发射脉冲能量传输到天线部分的馈源。雷达接收时,旋转阻流关节波导中的电磁波波型变换过程与发射时完全相同。

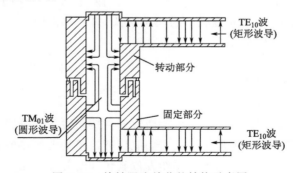

图 2.13　旋转阻流关节的结构示意图

2.3.5　波导同轴转换器

天气雷达馈线部分的波导同轴转换器用来连接波导和同轴线,以实现高频电磁波能量从波导到同轴线的顺利传输。波导同轴转换器由一段矩形波导和一个同轴插头座组成,其结构示意图如图 2.14 所示。同轴插头座处于矩形波导宽边 1/2 处附近,其同轴线的内导体伸入波导内,伸入部分称为探针,探针终端有一小球。

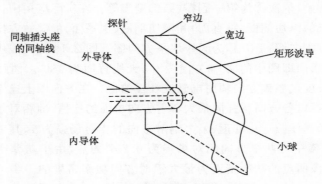

图 2.14　波导同轴转换器结构示意图

波导内传输的是 TE_{10} 波,其电场分布用电力线表示,是与窄边并行,存在于两个宽壁之间,并且在宽边 1/2 处、即宽壁中央,电力线密度最大,电场是最强的。同轴插头座的同轴线的内导体探针部分正好处于波导宽壁中央电场最强处,波导内两宽壁之间的电力线就会逐渐转而指向小球探针上,进而在同轴线内激励起从内导体指向外导体,或从外导体指向内导体的电力线分布。有了径向的电场分布,根据电磁波传输的边界条件,必然伴随着以内导体为中心、同心圆式的磁力线分布。于是在同轴线内激励起 TEM 型波,完成了从波导到同轴线的能量传输。

2.4　技术参数

2.4.1　天线部分的参数

2.4.1.1　波束(或波瓣)宽度

天线向一定方向集中地辐射射频发射脉冲电磁波能量的能力,称为天线的方向性。如果天线辐射出去的电磁波能量在空间各个方向均匀分布,这样的天线没有方向性,称为全向天线。具有方向性的天线,称为定向天线。定向天线的方向性越强,能量的辐射越集中,在一定的条件下,雷达的探测距离越远,测向的精度越高,分辨目标角坐标的能力也越强。

描述天线辐射的电磁波能量在空间的分布图,称为天线的方向图。该图是以天线位置为原点,表示离开天线等距离且不同方向的空间各点所辐射电磁波的电场强度(简称场强)或功率密度的变化图形。这是一幅立体图像,示意图如图 2.15 所示。由图可见,天线的方向图呈花瓣状,所以又称为波瓣图。最大的波瓣称为主波瓣(主瓣);同主瓣方向相反的称为尾瓣;其他方向的则称为副瓣或旁瓣。当副瓣较多时,从最接近主瓣的开始,依次称为第一副瓣、第二副瓣等。在实际应用中,为了便于理解,通常采用过原点的纵切剖面(垂直面)和横切剖面(水平面)的等效方向图来表示。前者称为天线垂直方向图;后者称为天线水平方向图。图 2.16 为天线水平方向图的示意图,以天线的指向即图中的 Z 轴方向为 $0°$,天线背面为 $180°$。曲线上各点与坐标原点 0 的连线长度代表该方向辐射电磁波场强的值。在方向图上通常不标该场强的具体数值,而是标以各方向场强同最大辐射方向场强的比值,即相对场强。也就是按最大辐射方向场强作归一化处理,最大辐射方向的相对场强为 1,其他方向的相对场强小于 1。在主瓣中有两个方向相对场强为 0.707 的点,由于功率密度与场强的平方成正比,说明该两点的功率密度为最大辐射方向功率密度的一半,称为半功率点。两个半功率点方向的夹角,称为波束(或波瓣)宽度。它是雷达天线的一个重要技术参数。在垂直面上的波束宽度用 φ 表示;在水平面上的波束宽度用 θ 表示。抛物面天线产生的波束是一种针状波束,其垂直、水平波束宽度相等。波束宽度越窄,说明天线的方向性越强。天气雷达大都采用抛物面天线,波束宽度通常为 $1°$。

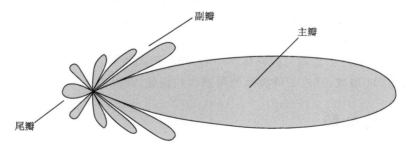

图 2.15 立体方向图示意图

天气雷达的天线在将射频发射脉冲能量聚焦成束、形成波瓣向空间定向辐射之后,从气象目标散射回来的射频回波脉冲能量也是被它所接收。理论和实践证明,同一个天线,用于接收时的方向性和用于发射时的方向性是完全相同的。这种特性,称为天线的收、发互易性,或天线的互易定律。

2.4.1.2 副瓣电平

副瓣电平是天线的第一副瓣最大辐射方向的场强与主瓣最大辐射方向的场强之

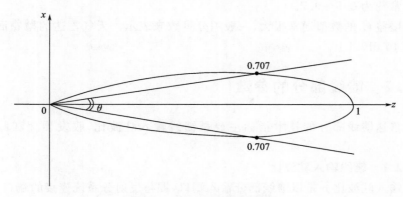

图 2.16　水平方向图示意图

比取对数的值,是一个负的分贝数。天气雷达天线的副瓣电平通常是指离主瓣方向在 ±10° 以内的第一副瓣的电平,有时会给出一个 > ±10° 的、称之为远区副瓣电平的值。副瓣电平越低,说明天线的方向性越好,发射时电磁波能量更集中于主瓣方向;接收时,第一副瓣主轴方向接收的回波信号更弱,对主瓣接收信号的干扰程度更低。

　　天气雷达天线副瓣电平通常为 −30 dB 左右,远区副瓣电平在 −40 dB 左右。

2.4.1.3　天线增益

　　天线的方向性可以用天线增益 G 的高、低来表示。天线增益是在辐射总功率相等的条件下,定向天线在其最大辐射方向上的某点所产生的功率密度、与各向均匀辐射的无向天线在同一点上产生的功率密度之比。抛物面天线的增益 G 在理论上是与天线口径的几何面积 A,以及口径效率 η 成正比,而与雷达波长平方 λ^2 成反比,即

$$G = \frac{4\pi A \eta}{\lambda^2} \qquad (2.1)$$

抛物面天线口径的几何面积为:

$$A = \frac{1}{4}\pi D^2 \qquad (2.2)$$

式中,D 为抛物面天线口径面的直径。将该式代入上式可得:

$$G = \left(\frac{\pi D}{\lambda}\right)^2 \cdot \eta \qquad (2.3)$$

式中,口径效率 η 主要由口径利用系数和截获系数的乘积决定。口径利用系数取决于口径上电磁场分布的均匀程度,当口径上各点场的相位相同、且振幅相等时称为均匀分布,此时,口径利用系数最大,其值为 1。截获系数是馈源投射到反射面上的功率与馈源总辐射功率之比,理论上最大值也是 1。实际上由于反射面形状不是绝对严格的抛物面;馈源辐射的也不是绝对严格的球面波;馈源也不是绝对准确地置于抛物面的焦点上;以及馈源及其支撑杆对抛物面口径的遮挡等原因,抛物面天线的口径

效率 η 通常约为 0.5~0.7。

天线增益 G 的数值通常很大,一般用分贝数来表示。天气雷达的抛物面天线增益一般达 40 dB 以上。

2.4.2　馈线部分的参数

天气雷达馈线部分的技术指标主要是馈线输入驻波比,收发损耗和脉冲功率容量。

2.4.2.1　馈线输入驻波比

馈线输入驻波比 ρ 是以馈线部分输入端口,即与发射分系统连接的端口处,雷达射频发射脉冲的入射波电流 I_i 与馈线部分后续传输通道不完全匹配导致的反射波电流 I_r 按下列公式计算得到的。

$$\rho = \frac{I_i + I_r}{I_i - I_r} \tag{2.4}$$

用前述馈线部分的定向耦合器 I 取得的入射波功率和反射波功率,通过电表分别测出相应的入射波电流 I_i 和反射波电流 I_r,然后根据上式即可求得馈线输入驻波比 ρ 的值。

馈线输入驻波比 ρ 值的大小,说明馈线部分能量传输通道匹配状况的好、坏。ρ 值越大,反射波电流 I_r 越大,说明匹配状况越差。

天气雷达馈线输入驻波比 ρ 通常≤1.3 左右。

2.4.2.2　收发损耗

馈线部分在雷达发射和接收时传输射频电磁波能量的过程中会有所损耗。主要原因是波导管壁存在一定的电阻。射频电流流过管壁时会产生电阻损耗。说明波导对所传输的电磁波能量有衰减作用,其衰减程度用衰减常数 α 表示,α 表明在单位长度波导内衰减的大小,单位为 dB/m。

天气雷达馈线部分的收发损耗也就是衰减程度在≤5.5 dB/m 左右。

2.4.2.3　脉冲功率容量

波导的功率容量是波导允许传输的最大功率,是指波导内电场强度的最大值等于击穿场强时的传输功率数值。当波导传输的功率超过功率容量时,就会发生打火现象。由于打火处相当于短路,因此将引起电磁波的强烈反射,会影响发射分系统的正常工作。

天气雷达脉冲功率容量指标值通常大于或等于各该雷达发射分系统产生的射频发射脉冲的脉冲功率值。例如,某型天气雷达的发射脉冲功率为 400 kW,则该雷达馈线部分脉冲功率容量的指标为≥400 kW。

第3章 发射分系统

3.1 功能与组成

发射分系统是天气雷达中用以产生指定时间宽度和重复周期的高功率射频发射脉冲,以完成雷达发射功能的分系统。发射分系统的物理结构就是发射机。天气雷达的发射机按其结构组成的不同,有单级振荡式和主振放大式两种类型。

3.1.1 单级振荡式发射机

单级振荡式发射机的组成框图如图 3.1 所示。它由触发器、高压电源、脉冲调制器和磁控管(Magnetron)振荡器 4 个基本分机组成。触发器通常在外触发脉冲的控制下,形成指定重复周期 T_r 的触发脉冲,周期性地控制脉冲调制器形成指定时间宽度 τ 的调制脉冲,去控制磁控管振荡器产生宽度 τ 和重复周期 T_r 的高功率射频发射脉冲,送至馈源由天线向空间定向辐射。高压电源为脉冲调制器产生调制脉冲提供所需的直流高压,也为磁控管振荡器产生高功率射频发射脉冲提供能源。

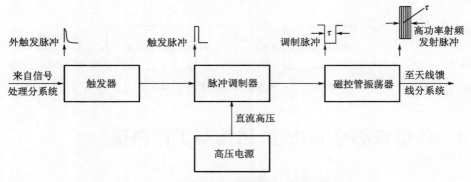

图 3.1 单级振荡式发射机组成框图

3.1.2　主振放大式发射机

主振放大式发射机的组成框图如图 3.2 所示。它由功放分机、高压电源、脉冲调制器和速调管（Klystron）功率放大器或行波管（Travelling wave Tube-TWT）功率放大器 4 个基本分机组成。其中功放分机和速调管（或行波管）功率放大器构成发射机的核心部分——射频放大链。功放分机将来自接收分系统的载波频率很稳定的射频激励脉冲进行充分放大，以满足速调管（或行波管）对输入激励信号的功率上的要求。脉冲调制器在来自信号处理分系统的触发脉冲的控制下，产生时间宽度稍大于射频激励脉冲的脉冲宽度 τ，而重复周期 T_r 则与之相同的调制脉冲，作为速调管的电源或作为行波管的栅极控制电压，在调制脉冲持续期间，使速调管或行波管对功放分机送来的、放大后的射频激励脉冲进行充分放大，从而产生指定宽度 τ 和重复周期 T_r 的高功率射频发射脉冲，送至馈源，由天线向空间定向辐射。高压电源为脉冲调制器产生调制脉冲提供所需的直流高压，也为速调管产生高功率射频发射脉冲串提供能源。

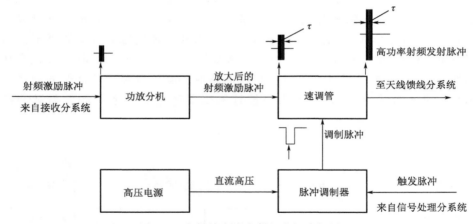

图 3.2　主振放大式发射机的组成框图

3.2　各组成部分的功能、结构与工作概况

3.2.1　触发器

触发器是单级振荡式发射机中的一个分机，它的功能是将重复周期很稳定的外

触发脉冲进行放大、整形处理后,形成发射触发脉冲,去控制脉冲调制器的工作。在雷达中,为使全系统各个部分能够协调一致、同步工作,都专门设置一个功能电路,提供全机所需的各种定时触发脉冲。这个功能电路被称为时钟产生器或定时脉冲单元等,通常配置于信号处理分系统或接收分系统中,也有的配置在发射分系统的触发器中,并将该触发器称为定时触发器。这个功能电路中的关键器件是一个利用石英晶体的压电效应来控制频率的晶体振荡器,它产生的振荡信号的频率特别稳定,将该信号经过多次分频处理,便可得到重复周期非常稳定的各分系统所需的各种定时触发脉冲。送至发射分系统触发器的外触发脉冲就是其中一例。由于石英晶体的电参数会随温度变化,影响其信号的频率稳定度,有的雷达专门将石英晶体振荡器置于恒温箱中,以保持其稳频特性。设振荡器的标称工作频率为 f_0;实际工作频率与标称工作频率的最大偏差值为 Δf,则频率稳定度 k 的定义为:

$$k = \frac{\Delta f}{f_0} \tag{3.1}$$

目前石英晶体振荡器的频率稳定度可达 10^{-12} 量级。

在天气雷达单级振荡式发射机的触发器中,外触发脉冲通常先经过由晶体管或集成块组成的放大、整形电路被多级处理后,进入放电脉冲变压器,从其次级绕组输出前沿陡峭的发射触发脉冲,去控制脉冲调制器的工作。

3.2.2 高压电源

天气雷达发射分系统中的高压电源为脉冲调制器提供工作所需的直流高压,是一种直流高压电源。它将三相 380 V、50 Hz 或单相 220 V、50 Hz,来自电源站或市电的交流电源,转变为 kV 以上的直流高压电。

目前在天气雷达发射分系统中采用的高压电源,主要有如下三种类型:直流高压常规电源、直流高压开关电源和回扫充电开关电源。

3.2.2.1 直流高压常规电源

这种高压电源的组成示意图如图 3.3 所示。升压(或调压)变压器,将三相 380 V 或单相 220 V、50 Hz 交流电升压至预定值,然后经高压整流和滤波之后,向脉冲调制器输出千伏级直流高压电。这种制式的高压电源只在 20 世纪 70 年代早期研制的少量天气雷达中采用。

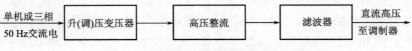

图 3.3 直流高压常规电源组成示意图

3.2.2.2 直流高压开关电源

这是一种利用一个或多个有源大功率器件的"截止"和"导通"状态交替变化的工作特性来调整其输出,从而获得直流高压的电源。其组成示意图如图 3.4 所示。三相或单相交流电压经整流、滤波后,输出直流电作为开关功率放大器的电源。频率为数千赫兹(kHz)的脉冲驱动信号,输入到开关功率放大器,经其放大后的数千赫兹脉冲驱动信号,加到高频变压器的初级绕组,在高频变压器的次级绕组两端得到升压后幅度更高的数赫兹脉冲信号,经整流、滤波后输出符合脉冲调制器要求的直流高压。由上可见,直流高压开关电源中的开关功率放大器完成将直流电逆变成高频脉冲的功能,而开关功率放大器中的关键器件是控制其工作的有源大功率开关管。将频率为数千赫兹的脉冲驱动信号按预定的方式输入到大功率开关管,控制其"导通"和"截止",从而使开关功率放大器放大脉冲驱动信号完成逆变过程。在天气雷达中通常采用绝缘栅双极晶体管 IGBT(Insulated Gate Bipolar Transistor)或金属氧化物半导体场效应晶体管 MOSFET(Metal-Oxide-Semiconductor Field Effect Transistor)作为大功率开关管。

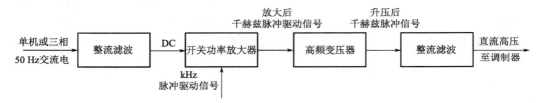

图 3.4 直流高压开关电源组成示意图

开关电源与常规电源相比,最大的优点是省去了笨重的升压(或调压)变压器,并且它的稳压调节范围更宽,响应速度更快,具有重量轻、体积小、高效节能等优点。

3.2.2.3 回扫充电开关电源

这是一种采用回扫充电技术的直流高压开关电源,是开关电源用于调制器中脉冲变压器的一种特殊形式。回扫充电直流高压开关电源的组成示意图如图 3.5 所示。由整流、滤波、稳压电路,充电控制电路和充电变压器三个部分组成。三相或单相 50 Hz 交流电经整流、滤波、稳压,输出直流电压 V_{DC} 作为充电控制电路的直流电源。充电控制电路中的关键器件是充电控制开关管,在天气雷达中使用最多的是 IGBT。充电控制电路的输出端与充电变压器的初级绕组相连接,而充电变压器的次级绕组则连接脉冲调制器中的隔离元件,充电变压器初、次级绕组的同名端位置是相反的。在雷达工作的每一个重复周期中,当充电触发信号加到充电控制电路中的充电控制开关管 IGBT 时,使其瞬间饱和导通,直流电源通过充电控制电路中的 IGBT 使充电变压器初级开始有电流 i_1 流通。由于充电变压器工作于线性状态,不饱和,其初级绕组电流 i_1 随着时间的推移线性增长,其增长速率为 V_{DC}/L,V_{DC} 为直流输入

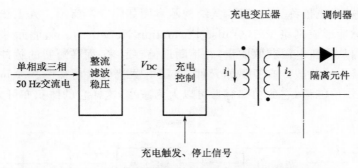

图 3.5 回扫充电直流高压开关电源组成示意图

电压，L 为初级绕组的励磁电感，增长趋势呈锯齿波形。此时充电变压器初级绕组感应电压的极性为上正下负。根据变压器同名端的极性关系，在 IGBT 导通时，次级绕组出现上负下正的感应电压，使脉冲调制器中的隔离元件处于反偏截止状态，次级绕组无电流流通。充电变压器初级绕组电流 i_1 将能量以磁能形式储入充电变压器。当初级绕组电流 i_1 增大到设计规定的最大值 i_{1max} 时，充电停止信号加到 IGBT，使之立即截止。充电变压器初级绕组的电流 i_1 有突降为零的趋势。但是变压器铁芯内磁场是不允许突变的，于是变压器初级绕组立即产生下正上负的感应电压，以维持 i_1 流通。这就导致次级绕组产生上正下负的感应电压而使脉冲调制器中的隔离元件正偏导通，次级绕组的电流 i_2 由零跃升为最大值 i_{2max}，并通过隔离元件向脉冲调制器的储能元件充电，充电变压器中由 i_1 以磁能形式储存的能量，转换成 i_2 向调制器储能元件充电后储存的能量，直至能量全部转换完毕，储能元件充电达到规定的额定值时，次级绕组电流 i_2 则降为零。至此，高压电源完成了它向脉冲调制器提供直流高压的任务。

3.2.3 脉冲调制器

脉冲调制器在发射分系统中的功用是产生指定时间宽度和周期的调制脉冲，在单级振荡式发射机中是控制磁控管振荡器，在主振放大式发射机中是控制放大链中作为末级功率放大器的速调器或行波管，使它们输出高功率射频发射脉冲，完成发射分系统的功能。

3.2.3.1 脉冲调制器的结构和工作概况

脉冲调制器主要由调制开关、储能元件、隔离元件和充电旁通元件四部分构成，它的负载就是磁控管振荡器，或速调管、行波管功率放大器，组成框图如图 3.6 中点划线框内所示。在天气雷达发射机的脉冲调制器中，储能元件为高压大容量电容器或人工线。人工线是一种由集中参数的电感器 L_0 和电容器 C_0 组合的、模仿传输线某些特性的电路,也被称为仿真线,其结构示意图如图 3.7 所示。人工线在调制器中通常被称为脉冲形成网络 PFN(Pulse Formation Network)。储能元件的作用是在较长的时间内从高压电源获取能量,并不断地储存起来,而在短暂的脉冲持续期间将能量集中地转交给负载。有了储能元件,高压电源就可以在整个脉冲间歇期间缓慢地、不间断地供给能量,它的功率容量可以大为减小,这样它的体积亦可大为缩小。

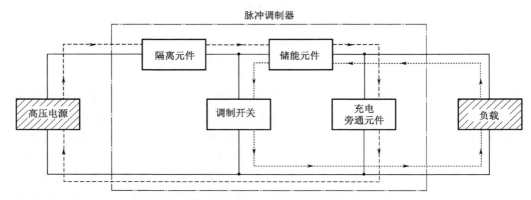

图 3.6　脉冲调制器组成框图

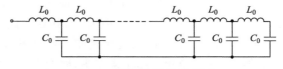

图 3.7　人工线结构示意图

　　调制开关的作用是在短暂的时间内接通储能元件的放电回路,以形成调制脉冲。在天气雷达发射机的脉冲调制器中,调制开关通常有两类:一类是绝缘栅双极晶体管 IGBT;另一类是充氢闸流管或可控硅整流器 SCR(Silicon Controlled Rectifier)。

　　隔离元件的作用有二:一是控制充电电路的通断;二是将高压电源与调制开关隔开,避免在调制开关接通时高压电源通过它放电而导致过载。在天气雷达发射机的调制器中,隔离元件通常有如下两种结构形式:一是单独采用由多个硅整流二极管的管芯串联起来构成的高压硅堆,在电路中被称为充电隔离二极管;二是再用一个电感量达几亨(H)至十几亨(H)的电感器,作为充电电感,与充电隔离二极管串联构成。

　　充电旁通元件的作用是构成储能元件的充电回路。在储能元件放电时,它所呈现的阻抗比负载阻抗大得多,放电电流基本上都流向负载,所以对放电基本上没有影响。在天气雷达发射机的调制器中,通常由电感或电阻充当充电旁通元件,其中电感也可以用高压脉冲变压器的初级绕组来代替。

在雷达的一个重复周期内,脉冲调制器的工作过程可以分为充电和放电两个阶段,这两个阶段的转换由调制开关控制。在调制开关断开期间,高压电源通过隔离元件和充电旁通元件向储能元件充电,充电电流的回路如图 3.6 中短虚线所示,使储能元件储存电能。在调制开关接通的短暂时间(大致相当于脉冲宽度 τ)内,储能元件通过调制开关向负载放电,放电电流的回路如图 3.6 中点虚线所示,使负载即磁控管振荡器或速调管、行波管功率放大器工作,输出高功率射频发射脉冲,完成发射分系统的功能。

目前天气雷达发射机中常用的脉冲调制器有线型脉冲调制器、刚管脉冲调制器和栅极脉冲调制器 3 种。

3.2.3.2 线型脉冲调制器

线型脉冲调制器的调制开关采用充氢闸流管或可控硅整流器 SCR,储能元件采用人工线脉冲形成网络 PFN。充氢闸流管和 SCR 这类开关器件的"通"和"断"都有一个明显的过程。例如充氢闸流管,这是一种电真空离子器件,先将管体内抽成真空,再充入适量氢气。它的导通,需要向其栅极施加触发脉冲,在触发脉冲激励下,待管内氢气充分电离后提供足量的自由电子趋向阳极才能实现。闸流管被触发导通后,它的栅极被大量的正离子所包围和隔离,失去控制作用,只有将其阳极电压降到很低,甚至去掉,才能使气体停止电离而使管子截止、开关断开,之后还需经过一定时间的消电离过程,让电子和离子重新组合成氢原子,管内气体恢复常态后,栅极才能恢复控制作用。SCR 的通断特性与闸流管相似,有时被称为固态闸流管。这类调制开关因为不能立即通、断,开关性能比较"软",被称为是软性开关,因而采用这类开关的调制器都以 PFN 作为储能元件,借以控制调制脉冲的宽度。线型脉冲调制器也被称为软性开关调制器。在这类调制器中,高压电源通过充电电感(对于采用回扫充电直流高压开关电源的线性脉冲调制器而言,充电电感由充电变压器的次级绕组充当)、充电隔离二极管和充电旁通元件,向 PFN 充电,充电结束时 PFN 被充上大约两倍于电源的电压值。放电时,在触发脉冲的激励下,闸流管或 SCR 导通,PFN 通过放电回路将能量传给负载,在匹配情况下,放电结束时,PFN 上的能量全部传给负载,在负载上得到的脉冲电压幅值近似于电源电压。调制脉冲的宽度由 PFN 的结构决定,若 PFN 电路共有 n 节 L_0、C_0 组合,则根据人工线的放电特性,调制脉冲的宽度为 $\tau = 2n\sqrt{L_0 C_0}$。

3.2.3.3 刚管脉冲调制器

刚管脉冲调制器的调制开关采用绝缘栅双极晶体管 IGBT,储能元件采用高压大容量电容器。IGBT 作为开关器件,它与真空三极管、固态三极管一样,其导电和截止,能严格地受激励脉冲的控制,"通"和"断"转换非常迅速,具有硬性的开关性能。所以被称为"刚管"、即刚性开关管。采用此类开关的脉冲调制器称为刚管脉冲调制器或刚性开关调制器。

在刚管脉冲调制器中,高压电源通过隔离元件向储能电容充电,能量储存在储能电容中。理想情况下,储能电容被充上近似于电源的电压值。在激励脉冲的控制下,IGBT 导通,储能电容通过放电回路将部分能量传给负载,在负载上得到的调制脉冲幅值是电源电压与 IGBT 压降之差,脉冲宽度由激励脉冲决定。

3.2.3.4 栅极脉冲调制器

在天气雷达中,栅极脉冲调制器在主振放大式发射机中有所采用。它是通过控制放大链中末级功率放大器如行波管(TWT)的栅极 G 和阴极 K 之间极际分布电容 C_{gk} 两端的电压 u_{gk},也就是将调制脉冲加到 TWT 栅、阴极之间,使 TWT 在调制脉冲持续期间,有效地将发射激励脉冲充分放大,成为高功率射频发射脉冲,完成发射分系统的功能。

栅极脉冲调制器的组成示意图如图 3.8 所示。图中的数据取自某型测云雷达。行波管 TWT 的阴极接有 -17.5 kV 的负高压,调制器中的 170 V 正偏置电源、500 V 负偏置电源,开启、关断开关(V_1、V_2),两个隔离驱动电路,以及限流或充放电电阻($R_1 \sim R_4$)等统统都悬浮在 -17.5 kV 的高电位上。其中 V_1 为开启管,V_2 为切尾管,都采用高压金属氧化物半导体场效应管(MOSFET)。两个隔离驱动电路分别在开启触发脉冲和关断触发脉冲激励下产生开启脉冲和关断脉冲,分别控制开启管 V_1 和切尾管 V_2 的通断。

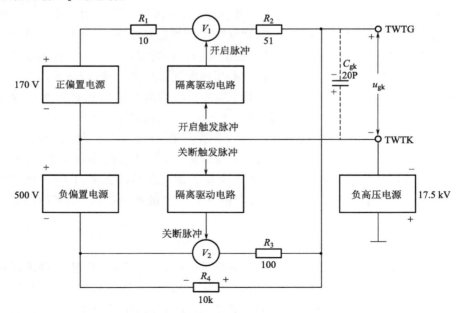

图 3.8 栅极脉冲调制器的组成示意图

在脉冲间歇期电路处于静态时，V_1、V_2 都是截止的。500 V 的负偏置电源经行波管阴极 TWTK、电阻 R_4，向行波管栅、阴极际分布电容 C_{gk} 充电，使 TWT 栅、阴之间、即分布电容 C_{gk} 两端的电压 u_{gk} 充至 −500 V，如图 3.9c 所示。u_{gk} 比 TWT 的截止栅压更低，使 TWT 处于截止状态。在雷达探测周期的 t_0 时刻，开启触发脉冲加到开启隔离驱动电路，使其输出开启脉冲加到开启管 V_1。开启脉冲由一正一负、先正后负的正开启脉冲和负开启脉冲组成，正、负开启脉冲前沿之间的时间间隔约等于调制脉冲的宽度。正开启脉冲在 t_0 时刻加到开启管 V_1，其波形示意图如图 3.9a 所示。开启管 V_1 在 t_0 时刻导通。V_1 一旦导通，正、负偏置电源立即串联起来，输出电流经电阻 R_1、开启管 V_1，经过电阻 R_2 之后，分成两路：一路流经电阻 R_4 到达 500 V 负偏置电源负端，在电阻 R_4 两端产生右"+"左"−"的电压降；另一路向 TWT 栅、阴极际电容 C_{gk} 反充电，然后到达 170 V 正偏置电源负端。因为电容 C_{gk} 两端原本充上 −500 V 电压，现在对它反充电，实际上是让电容加速放电，从而降低它两端负电压的绝对值。由于电路的时间常数很小，电容 C_{gk} 放电过程很快结束，它两端的电压等于负偏置电源电压 500 V 减去电阻 R_4 两端电压降的值，见图 3.8。在开启管 V_1 导通期间，电路维持这种状态，TWT 栅、阴之间的负电压绝对值、小于截止栅压，说明 TWT 从 t_0 时刻开始加上调制脉冲导通工作了。

由图 3.9a 可见，在 t_1 时刻负开启脉冲加到开启管 V_1，使其立即截止，将正偏置电源与电路断开了。在 t_1 之后约 0.4 μs（在图 3.9b 中没有表示出来），正极性的关断脉冲加到切尾管 V_2，使之立即导通，于是负偏置电源便通过电阻 R_3、切尾管 V_2，以及与该两者并联的电阻 R_4，向 TWT 栅、阴极际电容 C_{gk} 充电，这条并联的充电回路的时间常数也很小，C_{gk} 两端电压 u_{gk} 很快被充到 −500 V 达到稳定状态，说明调制脉冲结束，TWT 截止、停止了工作。

电路设计中为什么要让关断脉冲比负开启脉冲滞后 0.4 μs？如果设计成同时到达、双管齐下岂不是更好？如果这样设计，就可能发生开启管 V_1 尚未截止而且尾管已然导通，使正、负偏置电源串联起来，加到由 3 个小阻值电阻 R_1、R_2、R_3（共 161 Ω）和两只导通的开关管 V_1、V_2 组成的串联电路两端，V_1、V_2 导通时最大阻抗只有 0.78 Ω，这将导致电源处于近似短路的状态。这滞后的 0.4 μs 可保证开启管肯定截止了，避免上述现象的发生。

由图 3.9c 可见，栅极脉冲调制器产生的调制脉冲的宽度为 $t_0 \sim t_1$ 的时间间隔 22 μs，来自接收分系统的发射激励脉冲包络的波形如图 3.9d 所示，脉冲宽度为 20 μs，被脉宽 22 μs 的调制脉冲所包容而被 TWT 充分放大，成为高功率射频发射脉冲，最终完成发射分系统的功能。

3.2.4　磁控管振荡器

磁控管振荡器是单级振荡式发射机中以磁控管作为振荡源的振荡器，是最终产

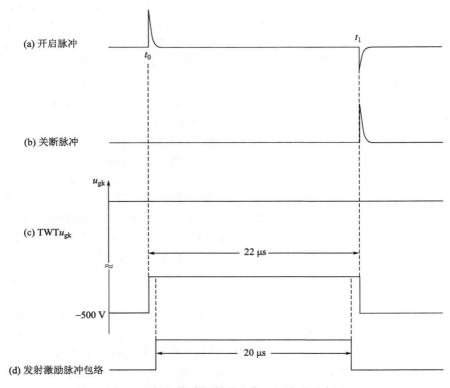

图 3.9　栅极脉冲调制器工作电压波形示意图

生射频发射脉冲的关键器件。磁控器的优点是工作频率范围广,单管输出功率大、效率高,价格相对较低。缺点是输出信号频率的稳定度较差。

磁控管其实就是一只真空二极管,它有阳极和阴极,特殊之处是还有磁铁作为它的组成部分。磁控管的外形和结构示意图如图 3.10a 和 b 所示。

磁控管的阴极呈圆管形,在圆管中装有螺旋形的灯丝。阴极置于磁控管管轴中心位置。阴极在被灯丝加热后发射电子,其脉冲放射电子的能量很强,可达每平方厘米几十甚至上百安培的电流,以适应磁控管输出高功率的需要。

磁控管的阳极是用纯铜制成的环形圆柱体,内壁凿有偶数个通孔、形成空腔,每一个空腔都相当于一个电感 L 和电容 C 并联的谐振回路,空腔壁等效为电感 L,空腔口等效为电容 C,这些空腔就称为谐振腔。由于结构完全相同,所有的谐振腔都谐振在同一频率上,腔与腔之间通过电磁耦合构成一个统一的环形振荡系统。磁控管内阳极和阴极之间的空间,称为作用空间。阳极是暴露在外面的,应该接地,所以磁控管都是将负极性的高压调制脉冲加到阴极,使阳极电位高于阴极而正常工作。

磁铁用铁磁材料制成,呈封闭形,磁控管置于南、北磁极之间,构成一个整体。磁

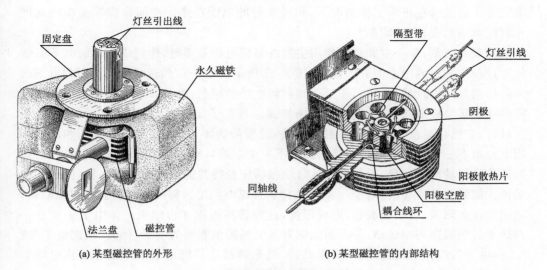

(a) 某型磁控管的外形   (b) 某型磁控管的内部结构

图 3.10 磁控管的外形和结构图

铁在阳极和阴极之间的作用空间产生固定磁场,其磁力线与阴极表面平行而与作用空间的直流电场相互垂直。这个直流电场就是在脉冲持续期间因负极性的调制脉冲加在阴极和阳极之间而产生的。相互垂直的电磁场称为正交电磁场。在磁控管的作用空间内,磁场是始终存在的,只有当调制器输出的负极性的高压调制脉冲加到阴极后,在调制脉冲的持续期间,作用空间才有正交电磁场存在。

当磁控管加上高压调制脉冲后,阴极放射出来的电子立即受到直流电场力的作用向阳极运动,同时又受到磁场力(洛伦兹力)的作用而使运动方向偏转,因此,电子在作用空间作摆线运动(摆线是一个圆在定直线上滚动时,圆周上定点 P 的轨迹)。当电子掠过空腔口时,由于感应作用,会先在空腔口的一侧感应正电荷,当电子继续向空腔口另一侧方向运动时,由于正负电荷之间有吸引力,先在空腔口一侧的感应正电荷就会沿着空腔壁作相应的运动而趋向空腔口的另一侧。这样便在空腔壁上产生了感应电流。由于空腔相当于 L、C 谐振回路,空腔壁等效为电感 L,空腔口等效为电容 C,电感中有了电流,就要向电容充电;电容充电之后,又要反过来通过电感放电,如此反复循环,空腔中就引起了射频振荡。由于磁控管相邻空腔之间存在着电磁耦合,因而只要有一个空腔开始振荡,射频电磁场就会通过空腔相互之间的耦合,使整个振荡系统随之振荡起来。磁控管起振后的射频电场主要集中在空腔口处,空腔口两侧有射频电压,电力线由电压正的一侧指向负的一侧,并且伸入到作用空间。射频磁场主要集中在腔孔中,并耦合至相邻的腔孔,磁力线成闭合回路。在作用空间只有射频电场而无射频磁场。

射频电场的电力线在作用空间的密度和方向,按磁控管的振荡周期周而复始地变化着。磁控管在正常工作情况下,阴极发射的电子在作用空间作摆线运动的速度和射频电场的变化是"同步"的。

当某一时刻、某一空腔口前作用空间的射频电场最强时,作摆线运动的电子 a 恰好掠过该空腔口的中心面 PP' 处,如图 3.11 所示。电子 a 的运动方向与射频电场的方向相同(与电力线同方向),于是受到射频电场的减速,电子 a 便将从直流电场中获得的能量转换成射频能量,使射频电场加强。当电子 a 通过这一空腔口射频减速场区域时,它已将能量全部交给了射频电场,速度降为零,然后又在直流电场和磁场作用下开始下一轮的摆线运动。当它掠过下一个空腔口时,由于"同步"的原因,它遇到的又是最强的减速电场,于是又将从直流电场中获得的能量交给射频电场,使射频电场再次加强。依此类推,电子 a 不断地将从直流电场中获得的能量转换成射频能量,直到它碰上阳极,被阳极吸收,形成阳流,这种转换过程才告结束。像电子 a 这种一直处于射频减速场中运动,并不断地向射频电场提供能量的电子,称为"供能电子"或"工作电子"。射频振荡之所以得以维持,就是靠这些供能电子不断地从直流电场中获取能量,然后转换为射频能量的缘故。

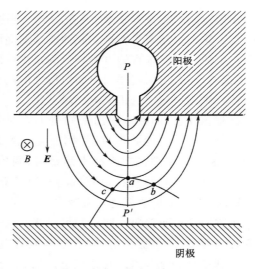

图 3.11　供能电子及其群聚示意图

在不同瞬间进入作用空间的供能电子,由于射频电场垂直分量(对阴极而言)的作用,它们的运动速度会发生变化,并会以某个电子为中心而群聚起来,从而提高了供能电子转换能量的效率。图 3.11 中画出了某一瞬间 a、b、c 三个电子在最大射频减速场中以中心面 PP' 为分界的分布情况:电子 a 正好位于中心面上,即空腔口中央;电子 b 和电子 c 则分别超前和落后电子 a。由图可见,在中心面 PP' 的左方,射频电场的垂直分量与直流电场的方向相同,将使电子向阳极运动的速度加快;在中心面

PP'的右方,射频电场的垂直分量与直流电场方向相反,将使电子向阳极运动的速度减慢。但是因为射频电场的强弱是随时间变化的,图 3.11 是射频电场最强时的情形,在此之前和之后,射频电场都要比图 3.11 所示的弱些。电子 a 是在射频电场最强时通过中心面的,因此它在中心面左方所增加的速度和到了中心面右方所减小的速度相等,说明射频电场的垂直分量不影响电子 a 的运动速度。电子 b 和电子 c 的情形则不同。电子 b 比电子 a 先进入作用空间,当它处于图 3.11 中所在位置时,射频电场最强,垂直分量使它的速度减小很多,当它还在中心面左方时,射频电场较弱,速度增大不多,总的来说电子 b 的速度是减小的,结果在等待电子 a 靠拢。电子 c 在电子 a 之后进入作用空间,当它处于图 3.11 中所在位置时,射频电场最强,垂直分量使电子 c 的速度增大很多,而当它通过中心面后,射频电场已经减弱,其速度减小较少,总的来说电子 c 的速度是增大的,结果它就向电子 a 靠拢。由电子 b、c 的运动情况可以推论,介乎它们之间的其他任何供能电子,都将以电子 a 为中心群聚起来,而且当供能电子群和射频减速场一起不断地从一个空腔口移向另一个空腔口时,这种群聚现象还将不断加强。由于供能电子是在射频减速场最强时群聚在空腔口附近的,因此提高了能量交换的效率。

实际上,在磁控管中有些从阴极出发的电子,在作第一轮摆线运动掠过第一个空腔口时就受到射频电场的加速。它不但不提供能量,反而要从射频电场中获取能量,使射频振荡有衰减的趋势。好在它受到磁场力的偏转,很快返回阴极,在作用空间滞留的时间相对很短,没有时间获取更多的能量。这类电子称为"耗能电子"或"有害电子"。总的来说,在磁控管起振后,既有电子供能,也有电子耗能,然而"供能电子"交给射频电场的能量,要比"耗能电子"从射频电场中取走的能量大得多,使射频电场不断地得到能量补充,从而维持了空腔中的等幅振荡,使磁控管在调制脉冲持续期间,产生高功率射频发射脉冲,完成发射机的功能。

为了提高磁控管的频率稳定度,在磁控管阳极块的外壁设置一个同轴腔体,并且采用翼片式谐振腔的阳极块,这就成了所谓的同轴磁控管。普通磁控管和同轴磁控管的内部结构比对示意图如图 3.12 所示。图 3.12a 中的隔型带是为了使普通磁控管振荡频率保持稳定而设置的。同轴磁控管无需设置。由图 3.12b 可见,同轴腔的内壁就是磁控管部分阳极块的外壁,同轴腔的外壁就是同轴磁控管的阳极。在翼片式的阳极块上,每隔一个谐振腔开一条耦合缝,使磁控管部分与同轴腔发生耦合。在同轴腔的外壁上开有射频输出窗。同轴磁控管中磁控管部分振荡时,通过耦合缝将能量耦合到同轴腔内,在腔内激励起射频振荡。由于同轴腔是一个频率很稳定的谐振腔,腔内射频电磁场振荡频率的漂移量只有普通磁控管的 1/5 左右,而且提高了效率,展宽了调谐范围,也更便于调谐。最后从同轴腔的射频输出窗输出高功率射频发射脉冲,经天线馈线分系统向空间定向辐射。

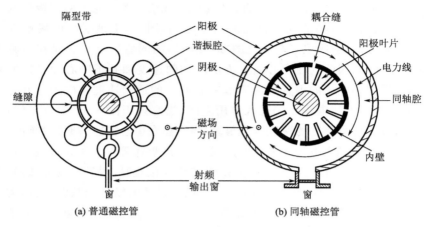

图 3.12　普通、同轴磁控管的内部结构比对示意图

3.2.5　速调管功率放大器

速调管是速度调制微波电子管的简称,是一种电子注器件。它的工作原理是基于对电子注进行速度和密度调制后,与射频激励信号激起的电场进行能量交换的物理过程。从中完成了放大射频激励信号的功能。

速调管有直射式和反射式。在天气雷达中主振放大式发射机放大链中的末级功率放大器,基本上都是采用直射式多腔速调管。例如某型号直射式 6 腔速调管的外形和结构示意图如图 3.13 所示。其中图 3.13a 是外形图,图 3.13b 是结构示意图。由图 3.13b 可见,它由电子枪,输入、输出腔,4 个中间腔,5 根漂移管,收集极,以及输入、输出耦合装置组成。其中电子枪由阴极、灯丝、聚束极和阳极组成。所有的 6 个谐振腔都是两端腔口不设栅网的圆柱形腔体。漂移管是连接左、右相邻两个谐振腔的一段金属圆管,圆管内的空间区域称为漂移区,这是受速度调制后的电子发生群聚完成密度调制的场所。

雷达开机后加高压之前,先对速调管加灯丝电压预热,使阴极的温度升高,准备发射电子。加高压后,当调制器产生的调制脉冲加到速调管的阴极时,阴极发射大量电子。聚束极与阳极相配合,在阴极表面附近产生聚焦电场,使得从阴极表面向不同方向发射出来的电子聚成一束,成为圆形电子注射向收集极。与此同时,来自功放分机的射频激励脉冲,通过输入耦合装置,从输入腔注入,在输入腔内感应射频电流,并在腔的隙缝处建立起射频电压。当电子枪发射的电子注通过输入腔的隙缝处时,受到隙缝处射频电压建立的射频电场的电场力作用。如果射频电压正半周时隙缝处电场矢量方向与电子注运动方向相反使电子加速的话,那么射频电压负半周时隙缝处

(a) 外形

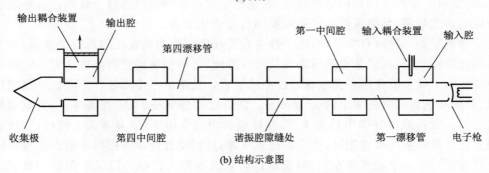

(b) 结构示意图

图 3.13　直射式 6 腔速调管的外形和结构示意图

电场矢量方向将与电子注运动方向相同而使电子减速。因此电子注在输入腔受到了速度调制,在通过第一漂移管内的第一漂移区时产生部分群聚作用。电子注通过第一中间腔时,该腔被部分群聚的电子注激励,腔内感应射频电流,并在腔的隙缝处建立起高于输入腔隙缝处的射频电压。中间腔的感应电流和隙缝处所建立的射频电压,它们的频率与射频激励脉冲的频率相同。由于第一中间腔隙缝处电场的作用,已经产生部分群聚作用的电子注通过时,将受到更深程度的速度调制。电子注受到速度调制的过程,也是它与隙缝处射频电场进行能量交换的过程。在这个过程中,电子注中的群聚电子受到减速,将能量交给射频电场,使隙缝处的射频电场增强、射频电压幅度增大。电子注通过第一中间腔后进入第二漂移区,又加强了群聚作用,并形成了新的群聚电子注。于是在下一个中间腔的隙缝处将建立更高的射频电压。这样,经过5个腔的速度调制、能量交换,经过5个漂移区的群聚作用的电子注,最后进入输出谐振腔时,将使输出腔的隙缝处建立很高的射频电压,腔内激励起很强的电磁振荡。振荡频率与来自功放分机的射频激励脉冲的载波频率相同。在射频激励脉冲持续期间,速调管的阴极持续发射电子,管内持续发生上述电子注的速度调制和能量交换过程。输出腔内具有足够的射频能量,通过输出耦合装置,输出载波频率、脉冲重复频率、脉冲宽度与射频激励脉冲完全相同的高功率射频发射脉冲,完成了发射机的功能。穿过输出谐振腔、已经完成能量交换任务的电子,陆续被收集极接收。电子注的剩余能量以热的形式耗散出去。通常速调管采取强迫风冷的方式,使用三相风机鼓风使收集极具备足够的热耗散能力,保证工作正常。

直射式多腔速调管由于中间腔的数量较多,管体较长,电子注在管内渡越的路和时间相对较长。虽然电子枪能使从阴极不同方向射出的电子聚成直径很细的圆形电子注,但是电子注在渡越过程中电子之间的排斥散焦作用始终存在,将使圆形电子注的直径逐渐变粗。渡越时间短的,这种效应不明显,然而对多腔速调管而言,必须采取措施,抑制这种效应。通常多腔速调管在管体外设置聚焦磁场线包,向其提供电源,使线包产生均匀的轴向聚焦磁场,保证电子注在速调管内的整个渡越过程中获得最佳的聚焦效果,始终保持良好的聚束圆形电子注形态。

速调管是一种电真空器件,电子注应在无任何其他物质存在的真空中渡越,并发生预计的速度调制、能量交换等物理效应。为此,必须使速调管管体内达到一定的真空度要求。钛泵就是用来完成这项任务的装置。钛泵由一个阳极和两块钛金属板组成,阳极和钛板之间的间距约 $1 \sim 2$ mm。两者之间施加 $+3$ kV 直流高压,形成很强的电场。管内残留气体中的正离子,在该电场力的作用下,以高速轰击钛板,使钛金属发生大量溅散而覆盖阳极,使阳极吸附气体,从而使管内保持所要求的真空度。以上过程相当于一个抽气泵在工作,所以这套装置被称为钛泵。钛泵的阳极和钛板之间的直流高压由专门的钛泵电源供给。

3.2.6 行波管功率放大器

速调管是通过电子注与各谐振腔隙缝处的射频电场交换能量完成放大功能的。参与能量交换的射频电场是不移动的驻波场。而行波管则是利用电子注与射频激励脉冲信号的行波电场进行能量交换以完成放大功能的。也因此被称为行波管。

行波管作为微波放大器有两种类型,即低噪声行波管(Low Noise TWT)和功率行波管(Power TWT)。天气雷达发射机中采用功率行波管作为末级功率放大器。

行波管和速调管都用到电子注、都是所谓的电子注器件。可以想象,行波管在结构上也会像速调管一样,必须有电子枪,收集极,输入、输出装置,还必须配置相应的聚焦装置以保障电子注的形态,配置钛泵以维持管内的真空度。目前许多行波管在整体结构上已经将聚焦装置和真空管体安装成一体。例如,VE5030C 型功率行波管,它的外形如图 3.14 所示,它采用周期永磁聚焦技术,将一定数量的圆环形永久磁铁,包括磁钢环和磁靴有规律地排列,依次套在行波管管体外面,安装成一体,安置在这长方形的包装盒内。

图 3.14　VE5030C 型行波管的外形

行波管的基本结构示意图如图 3.15 所示。在真空的玻璃管体内主要有电子枪、螺旋线和收集极三部分。

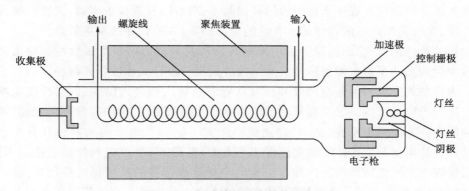

图 3.15　行波管的基本结构示意图

电子枪由灯丝、阴极、控制栅极和加速极组成,用来产生直径很细的与管轴重合的电子注。工作时各电极加有适当的电压。灯丝通电后对阴极加热,使阴极能发射足量的电子。

控制栅极用来控制阴极发射电子的数量。在天气雷达发射机中,控制栅极静态时加上绝对值大于管子截止的负电压即"截止偏压",使行波管处于截止状态,只有当输入调制脉冲时,行波管才开始工作。

加速极对电子注加速,改变它的电位可以控制电子注运动的速度。

螺旋线用来减慢射频激励脉冲信号行波的轴向传输速度。它由镀银金属丝绕制而成,用绝缘柱固定在玻璃管壳内,其始端和终端分别与输入、输出装置相连接。螺旋线与加速极处于相同的直流电位。

收集极是一个装在螺旋线终端的圆盘形电极,用来吸收穿过螺旋线的电子,以完成电子流的回路。普通行波管的收集极施加高于加速极的直流电压,从阴极发射出来的电子,在穿过螺旋线后仍然以很高的速度轰击处于高电位的收集极,使收集极发热,温度升得很高,将剩余的动能变为热能白白地浪费掉了。目前许多行波管采用降压收集极技术,就是将以阴极为公共端的收集极电压,降到低于加速极也就是螺旋线的直流电压。这样就对穿过螺旋线后的电子提供了一个直流减速电场,使电子以较低的速度抵达收集极,减少了浪费掉的热能,相应地提高了行波管的效率。

行波管和速调管一样,也用钛泵以保持管内的真空度。

在行波管的管体外,设置有聚焦装置,用来在管内产生很强的轴向磁场,使电子在沿轴前进的过程中,始终保持住直径很细的电子注形态。聚焦装置可以采用电磁铁或永久磁铁,聚焦线圈通电后就成为电磁铁,它由绕在铜质圆筒外的几段螺旋管线圈串联而成,行波管置于铜质圆筒内。工作时,由直流电源向线圈提供直流电流,从而产生很强的轴向磁场。这种聚焦装置体积大、重量重,还需要电源设备,消耗功率也大。因此,除了少数特殊用途的行波管以外,目前已逐渐被采用周期永磁聚焦技术的永久磁铁所替代。近年来常用钐钴类圆筒形磁钢环,有规律地排列,套在行波管管体外面,在行波管内形成很强的永久性的轴向磁场,取得良好的聚焦效果。

行波管的输入、输出装置分别用来输入自功放分机的射频激励脉冲和输出被充分放大后的高功率射频发射脉冲。其结构有同轴线探针式和波导式两种。

来自功放分机的射频激励脉冲信号从行波管输入端进入以后,以其行波电场与电子注进行能量交换。如果在管内行波沿直线传播的话,其轴向速度等于光速,而电子注的轴向速度远小于光速。当加速极电压为 1 kV 时,电子的速度也只有光速的 1/16。行波电场与电子注的轴向速度相差太大,相互之间无法进行能量交换。因此,采用螺旋线来减慢行波的轴向速度。行波沿螺旋线传播的速度仍然接近于光速,但是,行波沿螺旋线走了一个圆周长,才在轴线方向上前进了一个螺距。所以行波的轴向速度小于光速。精确的设计,可以使行波管内射频激励脉冲信号行波的轴向速度与电子枪放射的电子注的轴向速度相接近而可以进行有效的能量交换。

　　行波在沿螺旋线行进的过程中,线上各点的行波电压、行波电流是随时间交变着的,因而在螺旋线的周围空间产生交变的电磁场。而电子注是在螺旋线内部沿轴线方向运动的,只有螺旋线内部的交变电场才有可能和电子进行能量交换,外部的交变电场可以不予考虑。内部交变电场有径向和轴向两个分量,径向分量与管轴垂直,和电子没有能量交换,只有与管轴平行的轴向分量、才会对电子注的运动起到加速或减速的作用,才能进行能量交换。

　　电子注与行波电场一起行进时,当电子运动方向与行波电场轴向分量的方向相反时,就被加速,从行波电场吸取了能量,并将赶上前面未被加速的电子。也有的电子运动方向与行波电场轴向分量的方向相同而被减速,将能量交给行波电场,而它也将被后面未被减速的电子追上、靠拢。于是在行进过程中,由于电子的运动速度被调制而逐渐地群聚起来,在这个过程中也与行波电场发生能量交换。以上情况不断地发生,群聚电子的密度逐步加大,行波电场的幅度逐步增长,两者之间互相促进,当电子注穿过螺旋线到达输出端时,电子得到密度最大的群聚,行波电场也达到最强,于是行波管得以输出被充分放大了的射频激励脉冲,即高功率射频发射脉冲,最终完成发射机的功能。

3.3　技术参数

　　发射机的性能通常以工作频率、脉冲重复频率、脉冲宽度、输出功率等技术参数来表示。雷达的用途、体制不同,对这些参数的要求也不同。在设计雷达时,都会对这些参数制订出规定值,这就是技术指标。发射机的各项参数如果达不到指标,将直接影响天气雷达探测距离的远近、分辨力的高低和探测的精确度。

3.3.1　工作频率

　　雷达的工作频 f 就是发射机输出的高功率射频发射脉冲的射频振荡频率(有时也称载波频率,这个载波信号被脉冲调制),也就是每秒钟射频振荡的次数。与工作频率相应的波长,称为工作波长 λ。设 C 为光速,则三者之间的相互关系为:

$$\lambda = \frac{C}{f} \tag{3.2}$$

　　工作频率或工作波长是决定天气雷达性能的一个很重要的参数。因为同一气象目标,对不同波长电磁波的散射和衰减特性是有很大差别的,所以不同用途的气象雷达会选用不同的工作波长。天气雷达通常选用 S、C、X(λ 等于 10、5、3 cm)波段的工作波长。测云雷达则选用 K 波段的工作波长,以利于探测非降水云。

3.3.2 脉冲宽度

高功率射频发射脉冲的脉冲持续时间称为脉冲宽度 τ。由于发射脉冲有一定的持续时间,那么它在大气中以光速 C 传播时就会占有一定的空间长度 h,其值为:

$$h = \tau \cdot C \qquad\qquad (3.3)$$

脉冲宽度是影响雷达探测距离和距离分辨力的主要因素之一。在其他条件相同时,增大脉冲宽度,发射的能量增多,能够加大雷达的探测距离;减小脉冲宽度,每个回波在时间基线上所占的宽度变窄,距离临近的两个目标的回波容易区分开来,雷达的距离分辨力高,而且能增大雷达的最小探测距离,有利于探测近距离目标。

天气雷达为了精确地测定降水区的范围和内部结构,通常采用较窄的脉冲宽度,一般为 1 μs 或 2 μs。有时为了适应探测不同距离目标的需要,设置了几种脉冲宽度。在探测近距离目标时,用窄脉冲;探测远距离目标时,用宽脉冲。一般来说工作波长 λ 长的雷达,采用的脉冲宽度要宽些。

3.3.3 脉冲重复频率

发射机每秒钟产生高功率射频发射脉冲的次数,称为脉冲重复频率 F_r。其倒数为脉冲重复周期 T_r。T_r 也就是相邻两个发射脉冲之间的时间间隔。

根据雷达测距方程 $R = 0.5C \cdot t_r$,式中 t_r 为电磁波能量以光速往返于雷达和目标之间所需的时间,也就是发射脉冲从天线向空间定向发射开始、到被云、雨目标散射,形成回波脉冲返回天线所需时间。显然,在每一个雷达的重复周期 T_r 内,雷达能探测到目标的最大距离 R_{max} 就等于 $0.5C \cdot T_r$。所以说,脉冲重复周期 T_r 决定了雷达的最大探测距离。

例如:某型脉冲多普勒天气雷达的脉冲重复频率为 300 Hz,则该雷达的最大探测距离为 500 km。

3.3.4 输出功率

发射机的输出功率可以用脉冲功率和平均功率来表示。脉冲功率 P_τ 是指高功率射频发射脉冲持续期间输出的功率;平均功率 P_{av} 是指脉冲功率在一个雷达重复周期内的平均值。对于脉冲宽度为 τ、脉冲重复周期为 T_r 的雷达而言,其脉冲功率 P_τ 与平均功率 P_{av} 有如下关系:

$$P_\tau = \frac{T_r}{\tau} \cdot P_{av}$$

$$P_{av} = \frac{\tau}{T_r} \cdot P_\tau \qquad\qquad (3.4)$$

　　天气雷达为了增强探测能力,发射机的脉冲功率往往很高,数值很大,目前 S 波段天气雷达脉冲功率达 500 kW 左右,然而发射机的平均功率只在数十瓦到数百瓦之间。

第 4 章　接收分系统

4.1　功能与组成

接收分系统是天气雷达中用来完成接收射频回波脉冲信号功能的分系统。它的物理结构就是接收机。雷达天线在接收由气象目标对射频发射脉冲后向散射而生成的射频回波脉冲信号的同时,还接收到包括从银河系,邻近的雷达、通信设备,或者可能的干扰台发出的电磁波信号,以及射频发射脉冲被非气象目标,诸如建筑物、山、森林、鸟群、金属箔条等的后向散射而生成的无用射频回波脉冲信号。接收分系统所需要的只是源于气象目标的射频回波脉冲信号,其他所有的不需要的电磁波信号、也包括接收机自身所产生的噪声,都称之为干扰或杂波。现代天气雷达的接收机从来自天馈分系统的各种干扰或杂波中选择出模拟射频回波脉冲信号,经幅度放大,频率变换,以及模/数(A/D)转换后,成为数字回波信号,最后送信号处理分系统进行处理。

接收机从各种干扰或杂波中选出的模拟射频回波脉冲信号的波形如图 4.1 所示。其形状及内部结构与发射机产生的高功率射频发射脉冲是一样的,脉冲宽度为 τ,重复频率为 F_r,重复周期为 T_r,射频频率(也称载频)为 f_0,只是振幅远远小于发射

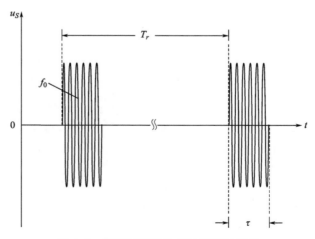

图 4.1　射频回波脉冲信号波形示意图

脉冲。这种周期性变化的射频脉冲信号，根据脉冲技术理论，将其按傅里叶级数展开，表明它是由不同频率、不同振幅、不同相位的正弦波一起合成的。将合成射频回波脉冲信号的各个不同频率、不同振幅、不同相位的正弦波，以频率为横坐标、振幅为纵坐标、绘制的系列条形图，即频率的分布图，称之为频谱。频谱能够准确地反映信号的内部构造。

射频回波脉冲信号的频谱如图 4.2 所示。它具有如下特点：

(1)这是一个离散频谱，以射频频率，即发射机的工作频率 f_0 的谱线为中心，在其两侧对称地分布着大于 f_0 和小于 f_0 的谱线。谱线之间的间隔都等于重复频率 $F_r(1/T_r)$ 的值，与脉冲宽度 τ 无关；

(2)频谱包络线中右侧的第一个振幅为零的谱线的频率是 $f_0 + \dfrac{1}{\tau}$，左侧的第一个振幅为零的谱线的频率是 $f_0 - \dfrac{1}{\tau}$，两侧之后的第二、三……个振幅为零的谱线的频率都是以 $\dfrac{1}{\tau}$ 为间隔，依次类推；

(3)频谱包络线按 $\dfrac{\sin x}{x}$ 函数的规律变化，以 f_0 为中心，左、右对称。

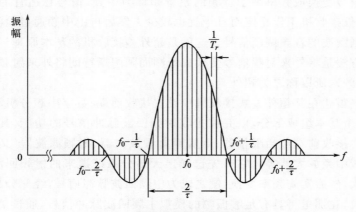

图 4.2　射频回波脉冲信号的频谱

某天气雷达接收到的射频回波脉冲信号的脉冲宽度 $\tau = 1\ \mu s$，重复频率 $F_r = 1000\ Hz$，在其频谱中，谱线之间的间隔均为 1000 Hz。从频谱的中心频率 f_0 的谱线到包络线中右侧第一个振幅为零的频率 $f_0 + \dfrac{1}{\tau}$ 的谱线之间，有 999 根以 1000 Hz 为间隔的谱线存在。可见，实际上射频回波脉冲信号的频谱是非常密集的，频谱中的每一根谱线都代表组成射频回波脉冲的 n 个正弦波中的一个，具有自己的频率、振幅和相位特性，而其中都包含着气象目标的有关信息。

天气雷达接收机的工作对象就是这样的一种信号,它不仅本身非常微弱,并且是与各种干扰和杂波一起面对接收机,为了将其最终打造成符合信号处理分系统要求的数字信号,在现代天气雷达中,无一例外地都采用超外差式接收机体制。早期的接收机采用多级射频放大器放大被音频信号调幅的射频载波信号,称为高频放大式接收机。这种体制的接收机由于被放大的信号的频率很高,在放大的过程中很容易发生自激而振荡起来,工作很不稳定。到了 1901 年加拿大工程师费森登(Reginald Aubrey Fessenden)首先提出外差方法,即在接收机内设置一个本地振荡器(Local Oscillator),产生频率一定的本振信号,将外来射频信号同本振信号在非线性器件(如晶体管)内混频,从而产生新的、频率为两信号频率之差的差频信号,其频率在人耳能够听见的振动频率约 20 Hz~20 kHz 即音频范围内,然后进行充分有效地放大。这就是外差式接收机的基本原理。在那个时代,外差式接收机本地振荡器产生的本振信号的频率与输入射频信号频率接近,其差频在音频范围内。因此,由点"·"和短线"—"组成的莫尔斯电码,变成为"嘀"和"哒"可听见的声音从扬声器中传出。可见,外差式接收机是将外来射频信号变换成音频再作充分放大的。除此之外,由于当时的本地振荡器的振荡频率很高,工作很不稳定,这种体制没有被持续重视。直到1918 年,美国工程师阿姆斯特朗(Edwin Howard Armstrong)提出,利用本地振荡器将外来射频信号变换成频率高于音频的超音频称为中频,信号在适宜的中频段进行充分放大,不仅接收机工作稳定而且干扰也较少。然后再由中频通过检波去掉载波,取出原来调制载波的音频调制信号。这就是超外差接收机的基本原理。正是因为费森登的外差方法是将外来射频信号变换成音频而阿姆斯特朗将外来射频信号变换为超音频(即中频),所以称之为超外差。

现代天气雷达在其超外差式接收机中设置接收前端、数字中频分机和频率源(也称频综器)三个基本组成部分,以完成接收射频回波脉冲信号的功能,其组成框图如图 4.3 所示。接收前端包括限幅器、低噪声射频放大器、射频滤波器(又称预选器)、混频器和前置中频放大器等。它首先选择出天馈分系统送来的射频回波脉冲信号,进行振幅放大,然后实施频率变换,使之成为中频回波脉冲信号,经充分放大后,送至数字中频分机,在那里将具有足够振幅的模拟中频回波脉冲信号,通过 A/D 转换器、转换成符合信号处理分系统要求的数字中频回波脉冲信号,送至信号处理分系统。接收前端和数字中频分机共同组成接收通道。接收分系统除了接收通道之外,另一个很重要的组成部分就是频率源。频率源提供高频率稳定度的各种信号:向接收前端提供稳定本振信号;向数字中频分机提供中频相参信号和 A/D 采样时钟信号;向发射分系统提供射频激励信号;向监控分系统提供系统时序时钟信号。

这里需要说明的是,图 4.3 是现代天气雷达中使用最为广泛的脉冲多普勒天气雷达接收机的组成框图。脉冲多普勒天气雷达有全相参和中频相参两种体制。所谓相参(或相干),是指两个或两个以上的正弦信号,如果它们之间具有严格的相位同步

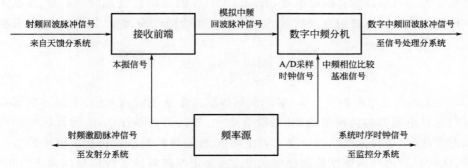

图 4.3　天气雷达接收机组成框图

关系,则称这些信号是相参信号。一个晶体振荡器产生的高频率稳定度的信号,通过直接或间接的方式合成出若干个标准频率信号,尽管它们的频率各不相同,但由于在时间上具有严格的相位同步关系,所以,这些标频信号同样是相参的。

在雷达技术中,相参性是对信号的载频相位而言的,与其调制包络无关。全相参雷达系统的全部信号,包括发射信号、本振信号、触发信号、相位比较基准信号等,都与同一个工作在连续振荡状态的高稳频主振源基准信号保持严格的相位同步关系,并且在各相邻的脉冲重复周期内都始终保持着相参性。

全相参脉冲多普勒天气雷达采用主振放大式(即放大链式)发射机,频率源保证每个雷达重复周期发射脉冲初相均相同,发射激励脉冲从连续振荡波中取出。回波脉冲与发射脉冲在射频频域比相,也可以经过混频后在中频频域比相,因为混频只改变了信号频率,其初始相位是保持不变的,比相后取得一个相位差;下一个重复周期,两者再比相,又取得一个相位差。将前后两个相位差相比,若相同,说明目标没有运动,是固定目标;若不同,说明有多普勒频移,为运动目标,进而测出目标的运动速度。

对于上述比相的问题,进一步作如下说明。设全相参脉冲多普勒天气雷达天线辐射的射频发射脉冲电磁波,在天线处以初始相位 ϕ_0 辐射出去。当射频发射脉冲电磁波在遇到距离为 R 的气象目标时,发生后向散射,其中一部分分量直接返回雷达天线,称该分量为反射波,从而形成回波脉冲。反射波的初始相位也就是回波脉冲电磁波的初始相位,仍与射频发射脉冲电磁波的初始相位一样,为 ϕ_0。当回波脉冲电磁波到达天线处时,电磁波经历了距离为 $2R$ 的行程。将距离为 $2R$ 的行程乘以相移常数 $2\pi/\lambda$,即被转换成相位差 $2R \cdot (2\pi/\lambda)$,即 $4\pi R/\lambda$。这样,天线处回波脉冲电磁波的相位为:

$$\phi = \phi_0 - \frac{4\pi R}{\lambda} \tag{4.1}$$

如果目标固定不动,R 为常数,则对于全相参脉冲多普勒天气雷达来说,在不同重复周期射频发射脉冲电磁波的初始相位 ϕ_0 均相同,故天线处回波脉冲电磁波的相位值

ϕ 是不变的。如果目标有运动速度 dR/dt，则目标的距离 R 会随时间而变，那么不同重复周期回波脉冲电磁波在天线处的相位值 ϕ 也会随时间而变，就有 $d\phi/dt$，根据式 (4.1)，可得

$$\frac{d\phi}{dt} = \frac{d\phi_0}{dt} - \frac{4\pi}{\lambda} \cdot \frac{dR}{dt} \qquad (4.2)$$

式中，$d\phi_0/dt$ 为初相角的变化率，对于全相参脉冲多普勒雷达来说，不同重复周期射频发射脉冲电磁波的初相角均相同，没有变化，故其值为零；dR/dt 为目标的距离随时间的变化率，即目标的运动速度。设距离 R 处的目标是沿着雷达波束电轴方向运动的，这时目标的运动速度称为径向速度 V_r，规定朝向雷达天线运动的速度为正值，则有 $V_r = -dR/dt$；$d\phi/dt$——天线处回波脉冲电磁波相位随时间的变化率，这是由于目标有运动速度，发生多普勒效应，引起天线处接收到的回波脉冲电磁波产生多普勒频移而引起的相位变化值，显然，它等于多普勒角频率 ω_d。

根据上述，式 (4.2) 可改写为：

$$\frac{d\phi}{dt} = \omega_d = 2\pi f_d = \frac{4\pi}{\lambda} \cdot V_r$$

可得：

$$f_d = \frac{2V_r}{\lambda} \qquad (4.3)$$

式中，f_d 为多普勒频率，单位为 Hz；V_r 为目标的径向速度，单位为 m/s；λ 为雷达的工作波长，单位 m。

全相参脉冲多普勒天气雷达在工作时，将相邻两个雷达重复周期天线接收的回波脉冲电磁波与发射脉冲电磁波进行相位比较后的结果相比，如果相位值不变；$d\phi/dt$ 为零，即为固定目标；如果有 $d\phi/dt$，有 f_d，则为运动目标，可根据式 (4.3) 测出其径向运动速度 V_r。

脉冲多普勒天气雷达在探测气象目标时，射频发射脉冲的载频为 f_0，它接收到的回波脉冲信号的频率为 $f_0 \pm f_d$。其中多普勒频率 f_d 与目标相对于雷达的径向运动速度 V_r 以及雷达射频发射脉冲电磁波的波长 λ 有关，即 $f_d = 2V_r/\lambda$。可见，只要测出回波脉冲信号中的多普勒频率 f_d，也就可以知道目标相对于雷达的径向运动速度 V_r。然而，f_d 比之于雷达射频发射脉冲的频率 f_0 是微乎其微的。例如，当目标的径向速度为 10 m/s 时，若雷达的射频发射脉冲频率 f_0 为 5500 MHz，则 f_d 约为 364 Hz，相差约 1500 万倍。由于脉冲宽度是以微秒计量的，在这极为短促的脉冲持续期间，要从频率为 f_0 和 $f_0 \pm f_d$ 两种信号的比较处理中得出属于音频范围的 f_d 是难以做到的。好在正弦交流电的频率与相位是有确定关系的，频率的变化可以用相位值表示。根据信号处理理论，利用正交通道处理方法，一个相位值，可以用两个正交的幅度值表示出来。运用相参检波，进行正交分解，获得 $I(t)$ 和 $Q(t)$ 两个被称

为"正交信号"的幅度分量,确定了相位值也就取得了多普勒频率,从而得出目标相对于雷达的径向运动速度 V_r。

由上可见,脉冲多普勒天气雷达的射频发射脉冲频率为 f_0,而接收到的运动气象目标的回波脉冲频率为 $f_0 \pm f_d$。在这样的关系中,要通过检测回波脉冲与射频发射脉冲之间的相位差值而得到多普勒频率 f_d,这就要求回波脉冲的相位与发射脉冲的相位必须是相参的,否则就无法比较了。

中频相参脉冲多普勒天气雷达采用磁控管单级振荡式发射机,磁控管在每个雷达重复周期产生的射频发射脉冲信号的初相是随机的。雷达采集每个射频发射脉冲信号的样本(称为主波样本),将其混频后成为中频发射脉冲,去锁相一连续波振荡器,形成发射脉冲的中频代表,待射频回波脉冲信号到来,经混频后,成为中频回波脉冲,便与发射脉冲的中频代表在中频频域比相。比较相邻两重复周期的比相结果,若相同,则为固定目标;若不相同,说明有多普勒频移,为运动目标。这就是"中频锁相相参"模式。

另一种中频相参的工作模式采用"初相补偿"或"相位校正"的相参技术。在每一重复周期,记下射频发射脉冲信号的初相,待其回波脉冲信号被接收后,首先对其补偿或校正发射脉冲初相,相当于使发射初相均归为零。这样,不同重复周期的回波脉冲均以零初相参与后续比相,再比较相邻两重复周期的比相结果,判断目标回波信号有无多普勒频移,以确定其运动状况。

综上所述可见,全相参是指雷达发射时,相邻两重复周期的发射脉冲是相参的;雷达接收时,相邻两重复周期内的回波脉冲分别与发射脉冲也是相参的。中频相参则在雷达发射时,相邻两重复周期的发射脉冲是不相参的;雷达接收时,相邻两重复周期内的回波脉冲分别与发射脉冲在射频领域是不相参的,只在中频领域是相参的,所以称之为"中频相参"是切实地反映了这种相参体制概念的内涵。

4.2 技术参数

4.2.1 灵敏度和噪声系数

通常射频回波脉冲信号是非常微弱的,仅几 μV。接收机的灵敏度表征接收机接收这种微弱信号的能力。接收机的灵敏度越高,它能够接收到的信号越弱,雷达的作用距离则越远。接收信号的强度也可以用功率的大小来表示,所以接收机的灵敏度也可以用能够辨别的最小信号功率 P_{smin} 来表示,如果信号的功率低于此值,信号将被淹没在噪声之中,不能被辨识。由此可见,雷达接收机的灵敏度受噪声的限制。

接收机的噪声来源于外部和内部。外部噪声是通过天线引入的,有天线热噪声、天电干扰、宇宙干扰、电源干扰和工业干扰等,这些干扰的频谱各不相同,对雷达接收机的影响程度与雷达所采用的频率有着密切的关系。由于现代雷达的工作频率很高,进入接收机的外部噪声除了敌方有意施放的干扰以外,主要是天线的热噪声。内部噪声主要来源于接收机电路中的电阻元件和晶体管所产生的电阻热噪声和晶体管噪声,集成电路是由大量晶体管电路组合集成的,也必然会产生噪声。

一个有一定电阻值的导体,只要它的温度不是热力学温度零度,它内部的自由电子就会处于不规则运动的状态,在没有外加电压的情况下,这种不规则的电子运动也会在导体内形成电流,从而在导体两端产生电压。当然这种电流、电压是随机的,其波形是由无数个非周期性的窄脉冲叠加而成的。每一个窄脉冲的宽度 τ 与自由电子在相邻的两次碰撞间所经历的时间相当,约为 $10^{-14} \sim 10^{-13}$ s,即 0.1 ps(皮秒)$\sim$ 10 fs(飞秒),其中 1 ps$=10^{-12}$ s,1 fs$=10^{-15}$ s。非周期性脉冲可以看作是周期性脉冲其重复周期 T_r 为无限大的特例,由于 T_r 为无限大,则重复频率 $F_r=1/T_r$ 趋近于零,那么电阻热噪声中单个窄脉冲的频谱中各谱线之间的间隔将趋近于零而呈现无限密集,其频谱由不连续的离散频谱变成连续频谱,频谱包络线上的第一个振幅为零的谱线的频率仍为 $1/\tau$,其值为 $10^{13} \sim 10^{14}$ Hz,显然包括了无线电波的所有频段,并且谱线的振幅在无线电波频率范围内是均匀的,与频率无关。如果将振幅频谱图的纵轴改为功率,就成为功率频谱图。单个窄脉冲功率频谱中谱线的功率在无线电波频率范围内是均匀的,与频率无关。因此,由无数个窄脉冲功率频谱叠加而得的热噪声的功率频谱也应该是均匀的,与频率无关,也就是说,其功率谱密度是个常数。通常沿用光学名词,将这种功率谱密度为常数的噪声称之为白噪声(white noise)。

作为外部噪声的天线热噪声,是由于天线周围的介质热运动产生的电磁波辐射被天线接收而进入接收机的,其性质与电阻热噪声相似;晶体管中由载流子的热运动而产生的热噪声,也与电阻热噪声性质相似,它们都属于白噪声。

要想提高灵敏度,就必须尽量降低噪声电平,首先是抑制外部的干扰和杂波;其次是尽量减小接收机的内部噪声。

噪声系数是表征接收机内部噪声大小的一个物理量。

前已提及,噪声是限制接收机灵敏度的根本原因。因此,衡量接收机中信号功率和噪声功率的相对大小是接收机能否正常工作的一个重要标志。通常用 P_s 代表信号功率,P_n 代表噪声功率,P_s 和 P_n 的比值,叫作"信号噪声比",简称"信噪比"。显然,信噪比越大,越容易发现目标,信噪比越小,越难发现目标。

一个理想的接收机,它本身只放大由天线输入的信号和噪声,而不另外引入其他噪声。但是实际的接收机总是会产生内部噪声的,因此,在输出的噪声中,除了天线的热噪声之外,还有接收机本机的噪声。

用 P_{si}/P_{ni} 表示接收机输入端信噪功率比,P_{so}/P_{no} 表示接收机输出端信噪功率

比,将它们的比值定义为接收机的噪声系数,用 F 表示,即

$$F = \frac{P_{\text{si}}/P_{\text{ni}}}{P_{\text{so}}/P_{\text{no}}}。 \tag{4.4}$$

式中,F 为噪声系数,P_{si} 为输入端信号功率,P_{ni} 为输入端噪声功率,P_{so} 为输出端信号功率,P_{no} 为输出端噪声功率。

噪声系数还常用分贝(dB)数表示:

$$F = 10\lg \frac{P_{\text{si}}/P_{\text{ni}}}{P_{\text{so}}/P_{\text{no}}}。 \tag{4.5}$$

在通常情况下,$F > 1$,如果接收机内部不产生噪声,那么,其输入端的信号与噪声得到同样的放大,则输出端的信噪比与输入端的信噪比相同,因此 $F = 1$ 或 $F = 0$ dB。实际上接收机不可能没有内部噪声,因而接收机输出的噪声功率 P_{no} 为放大后的输入端噪声功率 P_{ni} 与接收机本身的噪声功率之和,输出信噪比必然小于输入信噪比,因此,$F > 1$ 或 $F(\text{dB}) > 0$ dB。可见,噪声系数 F 有明显的物理意义:它表示由于接收机内部噪声的影响,使接收机输出端信噪比较其输入端信噪比降低的倍数。F 值越大,表示接收机内部噪声的影响越大。

4.2.2　选择性和信号带宽

选择性表示接收机选择所需要的信号而滤除其他干扰和杂波的能力。接收机所需要的信号是射频回波脉冲信号,从该信号的频谱图(图 4.2)上可以看出,振幅值高的谱线都围绕在射频频率 f_0 的谱线、即中心谱线的左右,而处于 $f_0 \pm 1/\tau$ 振幅为零的谱线附近的谱线,其振幅值都很低,说明回波脉冲所载有关气象目标的信息,大部分都寓居于这部分振幅值高的谱线中。人们将介于两个特定频率之间所有频率的一个连续范围称为频带,这个频率范围的宽度称为频带宽度,简称带宽。雷达接收机都要确定它需要接收的信号的频带宽度即信号带宽,有时也称之为接收机的通频带,用 B 表示。对于天气雷达而言,通常选定 B 等于脉冲宽度 τ 的倒数,即

$$B = \frac{1}{\tau} \tag{4.6}$$

天气雷达为了精确地测定降水区的大小和内部结构,通常选用较窄的脉冲宽度,如 $\tau = 1\ \mu s$,则信号带宽 $B = 1$ MHz。若射频回波脉冲信号的重复频率为 1000 Hz,那么在接收机的通频带内就包含了 1000 根具有高振幅的谱线,如图 4.4 的阴影区域中所示。在实际的天气雷达电路结构中,因为考虑到发射信号和本振信号频率偏移等因素的影响,需要加宽一个数值,约为 $1/\tau$ 的 $1/10 \sim 1/5$,即 $B = 1.1 \sim 1.2$ MHz。利用接收机中谐振回路的频率选择特性,选择接收机通频带内的各频率成分,但是,与此同时,在带内的干扰和杂波也一起进入接收机,因此,通频带越宽,选择性越差。接

收机的通频带在保证回波信号基本不失真的条件下,越窄或者谐振回路的谐振曲线趋近于矩形,则在接收所需信号的同时,接收到的干扰和杂波就越小,也就是选择性好。

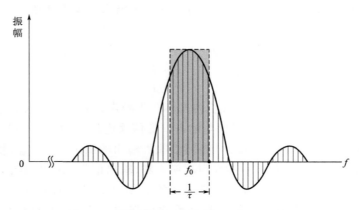

图 4.4   信号带宽在频谱图上的位置示意图

4.2.3   动态范围和增益

动态范围表示接收机正常工作时,所允许的输入信号的强度变化范围。所允许的最小输入信号强度通常取能够辨别的最小信号功率 P_{smin},也就是灵敏度的数值。在接收机正常工作时,输出信号随输入信号的强度从 P_{smin} 开始,不断地增大而增大,但是当输入信号增大到某一数值 P_{smax} 时,输出信号就不再随之增大。这是由于强信号使放大器处于饱和状态造成的,这种现象称为过载。使接收机开始过载的输入信号强度 P_{smax} 就是所允许的最大输入信号强度。接收机的动态范围 D 就是 P_{smax} 与 P_{smin} 的比值,即

$$D = \frac{P_{smax}}{P_{smin}} \tag{4.7}$$

虽然回波信号总体来说是微弱的,但是它的强度变化范围都很大,接收机要保证对强弱不等的信号都能正常接收,也就要求接收机的动态范围足够大。由于接收机对信号的放大主要依靠中频放大器,要用具有对数振幅特性的对数中频放大器就是扩展动态范围为一项措施,不过,现代天气雷达都采用数字中频技术,将经过中频放大器充分放大后的模拟中频回波脉冲信号送至 A/D 转换器,转换成数字中频回波脉冲信号。只要 A/D 转换器的位数足够,很容易满足动态范围的要求。

增益表示接收机对回波信号的放大能力,用符号 G 表示,单位为分贝(dB)。

对回波信号功率的放大能力,用功率增益 G_P 表示,其表达式为:

$$G_P = 10\lg \frac{P_{so}}{P_{si}}(\text{dB}) \tag{4.8}$$

式中，P_{so}/P_{si} 为信号的功率放大倍数，也称功率放大量。

对回波信号电压的放大能力，用电压增益 G_V 表示，其表达式为：

$$G_V = 20\lg \frac{U_{so}}{U_{si}}(\text{dB}) \tag{4.9}$$

式中，U_{so}/U_{si} 为信号的电压放大倍数，也称电压放大量。

关于采用增益以分贝数即 dB 值来表达接收机放大信号能力的原因，有一种说法：虽然声音的功率增加 1 倍，但是人的耳朵听起来，并没有响了 1 倍的感觉。只有当声音的功率增加到 10 倍时，听起来才响了一倍。听觉是与声音功率的对数成正比的；计算多级放大器总功率放大倍数时，得将各级的功率放大倍数连乘，这样的结果，往往是一串很长的数字，乘起来也很麻烦，如果采用对数，就将相乘转化为相加，将一串很长的数字转化为一个较短的数字，比较简便。

接收机必须有足够的增益，才能保证对十分微弱的回波信号进行各种处理。接收机的灵敏度越高，即最小可检测信号的功率越小，要求接收机的增益也就越高。接收机的增益并不是越高越好，它是由接收机的系统要求确定的，最终也确定了接收机输出信号的幅度。目前，超外差式接收机的灵敏度 P_{smin} 一般约为 $10^{-14} \sim 10^{-12}$ W，保证这个灵敏度所需增益约为 $120 \sim 160$ dB。

接收机所需的增益分配于射频、中频、视频各频域之间，中频放大器起主要作用。

4.2.4　工作稳定性和频率稳定度

一般来说，接收机的工作稳定性是指当环境条件如温度、湿度、机械振动等以及电源电压发生变化时，接收机中信号的振幅、频率和相位特性等受到影响的程度。希望这种影响程度越小越好。对于脉冲多普勒天气雷达而言，它需要对一连串的回波信号进行相参处理，所以对频率源提供的各种信号，尤其是本振信号的频率稳定度，要求更为严格，这主要是指短期频率稳定度，一般在毫秒（ms）量级，要求达到 10^{-10} 甚至更高。

4.3　各组成部分的功能、结构和工作概况

4.3.1　接收前端

天气雷达接收机的前端部分组成框图如图 4.5 所示。来自天馈分系统的射频回

波脉冲信号加到接收前端的输入端;在其输出端送出模拟中频回波脉冲信号至数字中频分机。

图 4.5　接收前端组成框图

4.3.1.1　限幅器

限幅器用来保护低噪声射频放大器免受大功率干扰杂波的侵袭。它通常由 PIN 管组成。PIN 管是在重掺杂的 P$^+$ 型和 N$^+$ 型半导体之间、夹一层电阻率很高的本徵半导体 I 层,所以称为 PIN 管。在电路中,限幅器的 PIN 管并联在其输入、输出端和地线之间。PIN 管的特性是正偏导通时近似短路;零偏截止时,呈现高阻抗。在雷达的每一个重复周期中,监控分系统送来一个 PIN 方波,该方波的宽度充分覆盖了高功率射频发射脉冲的宽度 τ,在 PIN 方波持续期间,PIN 管处于正偏导通状态,而在其余时间处于截止状态。这样,就在雷达发射时,从波导泄漏的功率或同步、非同步的干扰、杂波,都被近似短路,其衰减量可达 45 dB 左右,有效地保护了低噪声射频放大器。雷达接收时,PIN 管处于零偏截止状态,就像电路中并联一个大阻抗相当于开路,微弱的射频回波脉冲信号基本上无衰减地通过限幅器输入低噪声射频放大器进行正常放大。

4.3.1.2　低噪声射频放大器

采用低噪声射频放大器主要是为了提高接收机的灵敏度,即提高接收机接收微弱信号的能力,这样可以便捷有效地增大雷达的作用距离。作为接收机的第一级放大器,在雷达中曾采用过行波管放大器、参量放大器、隧道二极管放大器等多种类型的射频放大器。但是,从 1971 年砷化镓场效应管放大器 GaAsFETA(GaAs Field Effect Transistor Amplifier)问世,至 20 世纪 90 年代出现了它的改进型——异质结构场效应管放大器 HFETA(Heterostructure FETA)之后,至今已普遍认为,现代雷达接收机的低噪声放大问题,由于 GaAsFET 和 HFET 的出现已基本解决。如今现代天气雷达接收机前端中的低噪声射频放大器,几乎是无一例外地采用 GaAsFETA 或 HFETA,并称之为低噪声场放,原因就是它们比之于其他类型的器件,具有噪声低、增益高和动态范围大的显著优点。

在现代天气雷达接收机的前端中,有的只用 1 级低噪声场放,也有的用 2 级甚至 3 级。采用多级场放时,级间都采取了隔离和匹配措施,以保证级联电路正常工作。

4.3.1.3　射频滤波器

射频滤波器是为了抑制进入接收机的外部干扰而设置的。有时将这种滤波器称为预选器。经低噪声场放放大后的射频回波脉冲信号、送入射频滤波器。这是一种采用高介电常数、低温度系数、低微波损耗的陶瓷介质制作的带通滤波器。它让经场放放大后的射频回波脉冲信号顺利通过,而对通带以外的干扰、杂波予以抑制。

4.3.1.4　混频器

4.3.1.4.1　基本概念

混频是利用非线性器件(例如晶体二极管,场效应管等),将两个不同频率的电信号进行混合,通过选频回路得到第三个频率的电信号的物理过程,这是一个频率变换即变频的过程。实现对信号混频的混频器必须具有非线性器件和选频回路。天气雷达接收机中的混频器,将经放大、滤波后的频率为 f_S(之前用符号 f_0)的射频回波脉冲信号与频率源提供的频率为 f_L 的本振信号,在非线性器件中进行混频,其中,射频回波信号是脉冲信号,在天线收到它时是非常微弱的,其功率处于 10^{-12} W、即微微瓦($\mu\mu$W)量级,虽经低噪声场放放大,也还很微弱,其电压 u_S 的幅度处于微伏(μV)量级。而本振信号是连续波信号,功率较大,一般在 10^{-3} W 即毫瓦(mW)量级,其电压 u_L 的幅度处于毫伏(mV)量级。射频信号电压 u_S 和本振信号电压 u_L 一起加到混频器非线性器件混频二极管上。两信号的数学表达式分别为 $u_S = U_{Sm}\cos\omega_s t$;$u_L = U_{Lm}\cos\omega_L t$。上式中 U_{Sm}、U_{Lm} 分别为信号电压和本振电压的振幅,$\omega_S = 2\pi f_S$、$\omega_L = 2\pi f_L$ 分别为两信号的角频率。由于本振电压 u_L 要比信号电压 u_S 大很多(约百倍以上),因此可以将本振电压看作是决定混频器工作点的"偏压",使混频二极管的电导 g 随本振电压变化,即随时间变化。由于混频二极管伏安特性曲线的非线性,不同"偏压"的工作点,其交流电导 $g = \mathrm{d}i/\mathrm{d}u$ 是不同的,它随本振电压 U_L 变化的规律如图 4.6 所示,这是一个周期性的非正弦函数,将其按傅里叶级数展开可用下式表示:

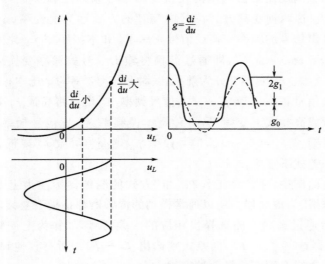

图 4.6　混频二极管的瞬时交流电导

$$g = g_0 + 2g_1\cos\omega_L t + 2g_2\cos2\omega_L t + \cdots$$
$$= g_0 + 2\sum_{n=1}^{\infty} g_n\cos n\omega_L t \qquad (4.10)$$

式中，g_0 为瞬时交流电导的平均值，$2g_1$ 为瞬时交流电导的基波振幅，$2g_2$ 为瞬时交流电导的二次谐波振幅。

在这个基础上，再加上信号电压 $u_S = U_{Sm}\cos\omega_S t$，这样，通过混频二极管的电流为：

$$i = gU_S = (g_0 + 2g_1\cos\omega_L t + 2g_2\cos2\omega_L t + \cdots)U_{Sm}\cos\omega_S t$$
$$= g_0 U_{Sm}\cos\omega_S t + 2g_1 U_{Sm}\cos\omega_L t\cos\omega_S t + 2g_2 U_{Sm}\cos2\omega_L t\cos\omega_S t + \cdots$$

根据三角公式 $\qquad 2\cos\alpha \cdot \cos\beta = \cos(\alpha + \beta) + \cos(\alpha - \beta)$

上式可改写为：

$$i = g_0 U_{Sm}\cos\omega_S t + g_1 U_{Sm}\cos(\omega_L + \omega_s)t + g_1 U_{Sm}\cos(\omega_L - \omega_S)t +$$
$$g_2 U_{Sm}\cos(2\omega_L + \omega_S)t + g_2 U_{Sm}\cos(2\omega_L - \omega_S)t + \cdots \qquad (4.11)$$

由式（4.11）可见，混频二极管电流中含有许多种由信号频率 f_s 和本振频率 f_L 构成的不同的组合频率分量，这意味着提供了许多种供选择的变频方式，例如式中第 2 项为 $f_L + f_s$，第 3、4、5 项分别为 $f_L - f_s$、$2f_L + f_s$ 和 $2f_L - f_s$，……，包括 f_L、f_s 两者之和或差、或为两者的其他组合。电流 i 流经选频回路，选频回路根据确定的中频频率，选出中频电流 I 作为混频器的输出，于是，在负载上就可以得到中频电压，完成变频功能。

在实际应用中满足需要被采用的仅仅是两信号频率之和 $f_L + f_s$，或者两信号频率之差 $f_L - f_s$ 这两种变频方式。其中"和"的方式称为上变频（up conversion），即通过混频将输出信号的频率变换成信号频率 f_s 和本振频率 f_L 之和；"差"的方式称为下变频（down conversion），即通过混频将输出信号的频率变换成信号频率 f_s 和本振频率 f_L 之差。下变频又分为两种：一种是信号频率 f_s 比本振频率 f_L 高，混频器输出的中频信号频率 $f_I = f_s - f_L$，信号频率 f_s 增高将导致 f_I 增高，这种方式称为高差式混频或高差式下变频；另一种是本振频率 f_L 比信号频率 f_s 高，混频器输出的中频信号频率 $f_I = f_L - f_s$，信号频率 f_s 增高将导致 f_I 降低，这种方式称为低差式混频或低差式下变频。

在雷达的电路图中，通常将工作在"和"方式的混频器标注为上变频器；工作在"差"方式的，则标注为混频器。所以通常提到的混频器都是指下变频器。

混频器最后通过选频回路选择出相应的中频信号，如作为上变频器选出 $f_s + f_L$；高差式混频器选出 $f_s - f_L$，低差式则选出 $f_L - f_s$。所有其他频率分量均被认定为不需要的寄生组合频率分量而被抑制。

　　由上可见,混频是将信号从一个频率变换到另外一个频率的过程,混频器的输入信号、即射频回波脉冲信号波形中所包含的频谱结构、分量及相位等参数,在输出的中频回波脉冲信号中均未改变,只是发生了载频的频移,由射频 f_S 移到中频 f_I。由于中频回波脉冲信号的脉冲宽度 τ 和脉冲重复频率 F_r 完全与射频回波脉冲信号相同,所以在图 4.4 信号带宽在频谱图上的位置示意图中,只需将横坐标中标注的 f_0。(即 f_S)改为 f_I,该图就描述了中频信号带宽的状态,在其通频带内包含了 1000 根具有高幅值的中频谱线。

　　在上述这些寄生组合频率分量中有一项 $2f_L - f_S$,称为镜像频率 f_k 受到人们的特别关注。从图 4.7 所示的混频器信号频谱示意图中可见,这是一个高差式混频器,信号频率 f_S 比本振频率 f_L 高一个中频 f_I,镜像频率 f_k 比本振频率低一个中频 f_I。镜像频率 f_k 的位置对本振频率 f_L 来说是与信号频率 f_S 对称的,f_k 处于 f_S 的"镜像"位置,因而称为"镜像频率",简称"镜频"。镜频的概念产生于混频过程的结果中,然而它被特别关注的原因却在于:如果在外来的干扰、杂波中混杂具有镜频但并非由目标散射形成的信号,与射频回波脉冲信号一起进入接收机,并与本振信号混频,也会产生频率为 f_I 的镜像中频、成为混频器的中频信号,显然,这将严重干扰原本期待的带有目标信息的中频信号,这就是一种镜频干扰。所以雷达接收机必须设法抑制镜频。抑制的方法有两种:一种是阻止镜频进入接收机;另一种是不让镜像中频信号从混频器输出。

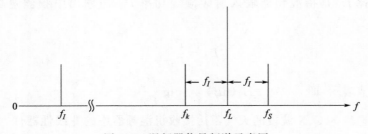

图 4.7　混频器信号频谱示意图

　　第一种方法是提高中频频率 f_I,以阻止镜频进入接收机。镜频 f_k 与射频信号频率 f_S 之间相隔 $2f_I$。比如,某 C 波段脉冲多普勒天气雷达,其射频回波脉冲信号频率 $f_S = 5400$ MHz,若其中频信号频率 f_I 设定为 60 MHz,则本振频率 f_L 应为 5340 MHz,为高差式混频。其镜频 $f_k = 2f_L - f_S = 5280$ MHz,f_k 与 f_S 之间相隔 120 MHz,这 120 MHz 比之于 5400 MHz 确实是很小的数值,说明 f_k 与 f_S 非常接近,这两个信号的能量所占据频谱的宽度、即频谱宽度或频谱带宽会发生重叠,从而产生镜频干扰。为了抑制镜频,该雷达接收机采用二次变频的工作方式,用频率为 4940 MHz 的一本振信号 f_{L1} 与 f_S 作高差式混频,取得频率为 460 MHz 的一中频

信号 f_{L1}，这样，镜像频率 f_k 与信号频率 f_s 之间相隔 920 MHz，两者的频谱带宽将不会发生重叠，从而抑制了镜频干扰。之后用频率为 400 MHz 的二本振信号与一中频信号作高差式混频，最终取得频率为 60 MHz 的二中频信号进行充分放大。

第二种抑制镜频的方法是采用移相技术，利用三分贝电桥构成镜像抑制混频器。其工作特性将在下面说明。

4.3.1.4.2 混频器的种类

雷达接收机中采用的混频器大致有单端混频器、平衡混频器、镜像抑制混频器和双平衡混频器四种。在混频器中除了必须具备非线性器件和选频回路之外，还必须配备射频、本振和中频信号与非线性器件之间的耦合装置。实现耦合的方式很多，且各有特点，但不论是哪种方式，目的都是为每种信号提供单独的与其余两种信号隔离的端口。

4.3.1.4.3 对混频器的要求

(1)噪声系数小

混频器处于接收机的前端，其噪声将被之后各级电路放大，对整个接收机的噪声系数有一定影响。混频器的噪声包括非线性器件产生的噪声以及伴随本振信号一并进入的本振噪声。在混频器中由于本振电平远高于射频信号电平，所以本振噪声的影响较大。

(2)变频损耗小

变频损耗 L_c 是指混频器输入射频额定功率 P_{si} 与输出中频额定功率 P_{I0} 之比，即

$$L_c = \frac{P_{si}}{P_{I0}};$$

也常用分贝值表示，即
$$L_c(\text{dB}) = 10\lg\frac{P_{si}}{P_{I0}}。 \tag{4.12}$$

目前不论是 S、C、X 波段的天气雷达接收机混频器中的非线性器件，大多采用以砷化镓半导体作衬底的、具有陶瓷、金属密封外壳的肖特基势垒二极管。由于二极管没有放大作用，混频器输出的额定中频功率 P_{I0} 总是比输入射频额定功率 P_{si} 小，所以变频损耗 L_c 为正的 dB 值。其大小反映了信号功率转换成中频输出功率的状况，当然希望变频损耗 L_c 越小越好。

(3)射频信号与本振信号的端口之间必须有足够好的隔离

输入射频回波脉冲信号如果泄漏进入本振端口，将造成回波信号的损失；本振信号如果泄漏进入信号端口，将形成向外辐射损耗。必须予以隔离。

(4)各输入端口的输入信号应匹配良好

射频信号和本振信号在输入混频器时，如果失配而发生反射，将造成对射频回波信号的干扰，使其产生相位失真，对于多普勒天气雷达而言，这是不能允许的。因此

对端口的输入驻波比有较高的要求,一般情况下<2。

4.3.1.4.4　单端混频器

单端混频器的结构示意图由图 4.8 所示,它只使用一只混频晶体二极管 D 作为非线性器件。经低噪声场放放大和射频滤波器滤波后的射频回波脉冲信号电压 u_S(其波形如图 4.9a 所示)直接加到混频晶体二极管 D 的正端;来自频率源的本振信号电压 u_L(其波形如图 4.9b 所示)则通过定向耦合器也加到混频晶体二极管 D 的正端。混频晶体二极管正端到地的电压是 u_L 和 u_S 之和,称为合成电压 u_{L+S}(其波形如图 4.9c 所示)。由于电压 u_L 和 u_S 的频率不同,它们有时极性相同,有时极性相反,两电压合成时发生了"差拍"现象,从而使合成电压 u_{L+S} 的幅度时大时小。合成电压的幅度是在本振电压的基础上时大时小地变化的。图 4.9c 中合成电压幅度最大点处(图中 aa′、cc′、ee′各点)恰好是信号电压的最大值和本振电压最大值在时间上重合,并且极性相同,两者相加,使合成电压的幅度达到最大;在合成电压幅度最小点处(图中 bb′、dd′各点)也恰好是两电压最大值在时间上重合,然而极性却相反,相互抵销,使合成电压幅度最小。合成电压幅度起伏变化的频率,即其包络的频率,等于本振频率 f_L 和信号频率 f_S 之差,即 $f_L - f_S$,也就是中频。应当注意的是,虽然合成电压包络的频率等于中频,但是合成电压本身并不包含中频成分或其他任何新的频率成分。将合成电压分解后,依然只能得到原有的 f_L 和 f_S 两个频率成分。如果将合成电压加到一个阻值为常数的普通电阻上,那么产生的电流中依然只有原有的频率成分 f_L 和 f_S。然而在单端混频器中,合成电压是加到非线性器件混频晶体二极管 D 的正端到地之间的,它使混频晶体二极管时而导通、时而截止,流经 D 的电流 i 是脉冲式的,波形如图 4.9d 所示。电流 i 的数学表达式就是之前讨论过的式(4.11)。调整选频回路,使之选择中频 $f_L - f_S$,也就是 $\omega_L - \omega_S$,将式(4.11)中的第 3 项选出来,于是单端混频器输出中频电流 $I = g_1 U_{Sm} \cos(\omega_L - \omega_S)t$,在负载上就可以得到中频电压 u_I,波形如图 4.9e 所示,完成变频功能。

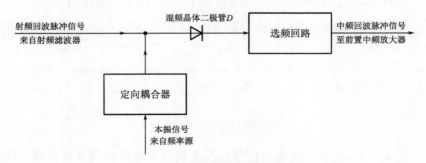

图 4.8　单端混频器的结构示意图

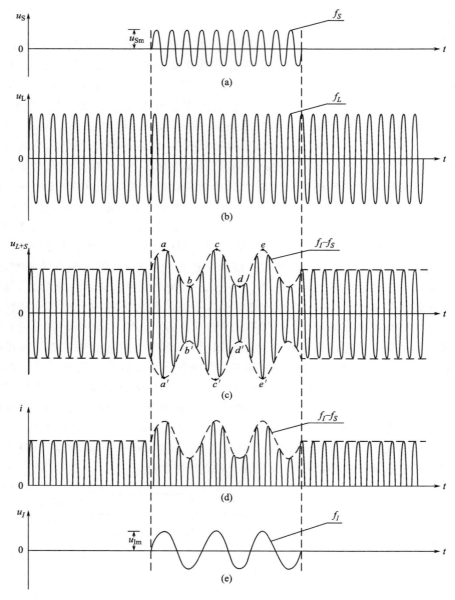

图 4.9　混频波形示意图

　　由图 4.8 可见,单端混频器的信号口和本振口是靠定向耦合器来隔离的。通常定向耦合器采用小于－10 dB 的耦合,而混频晶体二极管一般情况下要求本振信号功率为毫瓦量级,在这种情况下,就要求本振信号功率大于 10 mW,伴随而来的本振噪声也较大,从而恶化混频器的噪声系数。

4.3.1.4.5　平衡混频器

平衡混频器的结构示意图如图 4.10 所示。它利用三分贝电桥,将大小相等和一定相位关系的射频信号和本振信号,分别加到极性相反的两只混频晶体二极管 D_1 和 D_2 上。两管在将信号混频后产生的,由选频回路选出的中频电流 I_1 和 I_2,在相位上相差 $180°$,是反相的,而在电路连接上,两电流的流通方向是相反的,于是在中频输出端刚好相加。

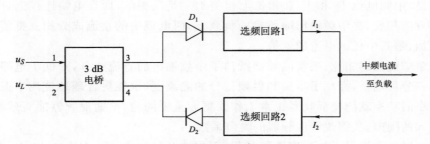

图 4.10　平衡混频器的结构示意图

加到三分贝电桥端口 1 的射频回波信号电压 u_S 和加到端口 2 的本振信号电压 u_L 分别为 $u_S = U_{Sm}\cos\omega_S t$ 和 $u_L = U_{Lm}\cos\omega_L t$。从三分贝电桥端口 3 输出,加到 D_1 的合成电压为:$U_{Sm}\cos\omega_S t + U_{Lm}\cos(\omega_L t - 90°)$;从端口 4 输出,加到 D_2 的合成电压为:$U_{Sm}\cos(\omega_S t - 90°) + U_{Lm}\cos\omega_L t$。合成电压中的本振电压,作为决定混频晶体二极管工作点的偏压;使混频晶体二极管的交流电导 g 随之变化。D_1 的电导表达式为:

$$g_0 + 2g_1\cos(\omega_L t - 90°) + 2g_2\cos2(\omega_L t - 90°) + \cdots$$

通过 D_1 的电流 i,为电导与信号电压 u_S 的乘积,即

$i_1 = [g_0 + 2g_1\cos(\omega_L t - 90°) + 2g_2\cos2(\omega_L t - 90°) + \cdots] \cdot U_{sm}\cos\omega_S t$

$= g_0 U_{Sm}\cos\omega_S t + g_1 U_{Sm}2\cos(\omega_L t - 90°)\cos\omega_S t + 2g_2 U_{Sm}\cos2(\omega_L t - 90°)\cos\omega_S t + \cdots$

将式中第 2 项按三角公式 $2\cos\alpha \cdot \cos\beta = \cos(\alpha + \beta) + \cos(\alpha - \beta)$ 展开,得:

$$g_1 U_{Sm}\{\cos[(\omega_L t - 90°) + \omega_S t] + \cos[(\omega_L t - 90°) - \omega_S t]\}$$

整理后,得:$g_1 U_{Sm}\{\cos[(\omega_L + \omega_S)t - 90°] + \cos[(\omega_L - \omega_S)t - 90°]\}$

依仗混频器中选频回路的选频功能,在实际工作中,只选差频项,选频回路 1 输出的中频电流:

$$I_1 = g_1 U_{Sm}\cos[(\omega_L - \omega_S)t - 90°]$$

D_2 的电导表达式与前述式(4.10)相同,为 $g_0 + 2g_1\cos\omega_L t + 2g_2\cos2\omega_L t + \cdots$,通过 D_2 的电流 i_2 为电导与信号电压 u_S 的乘积,即

$$i_2 = (g_0 + 2g_1\cos\omega_L t + 2g_2\cos2\omega_L t + \cdots) \cdot U_{Sm}\cos(\omega_s t - 90°)$$
$$= g_0 U_{Sm}\cos(\omega_s t - 90°) + g_1 U_{Sm} 2\cos\omega_L t \cdot \cos(\omega_s t - 90°) +$$
$$2g_2 U_{Sm}\cos2\omega_L t \cdot \cos(\omega_s t - 90°)$$

将式中第 2 项按上述三角公式展开并整理后,得

$$g_1 U_{Sm}\{\cos[(\omega_L + \omega_s)t - 90°] + \cos[(\omega_L - \omega_s)t + 90°]\}$$

选频回路 2 选择输出的中频电流:

$$I_2 = g_1 U_{Sm}\cos[(\omega_L - \omega_s)t + 90°]$$

可见,中频电流 I_1 和 I_2 在相位上相差 $180°$ 是反相的,而在电路连接上,两电流的流通方向相反,在中频输出端所接的负载上,两电流中的直流成分相互抵消,交流分量相加,是其中任一电流的两倍。

与单端混频器相比,平衡混频器抵消了中频输出的直流成分,降低了电路损耗。它采用三分贝电桥,提高了本振和射频信号的隔离度,也能更合理地使用本振功率,只需较小的功率就能使混频器正常工作。更为重要的是,平衡混频器能有效地抑制本振引入的噪声,从而改善混频器的噪声系数。

下面讨论本振引入的噪声混频过程,不去涉及射频信号。在图 4.10 中,本振电压 u_L 和噪声电压 u_n 从三分贝电桥的端口 2 输入,经移相 $90°$ 后从端口 3 输出,作为合成电压 u_1 加到混频晶体二极管 D_1 的正极,其表达式为:

$$u_1 = U_{nm}\cos(\omega_n t - 90°) + U_{Lm}\cos(\omega_L t - 90°)$$

加到混频晶体二极管 D_2 负极的合成电压 u_2 的表达式为:

$$u_2 = U_{nm}\cos\omega_n t + U_{Lm}\cos\omega_L t$$

合成电压中的本振电压,作为决定混频晶体二极管工作点的偏压,使混频晶体的二极管的交流电导随之变化。D_1 的电导 g_{D1} 和 D_2 的电导 g_{D2} 的表达式分别如下:

$$g_{D1} = g_0 + 2g_1\cos(\omega_L t - 90°) + 2g_2\cos2(\omega_L t - 90°) + \cdots$$
$$g_{D2} = g_0 + 2g_1\cos\omega_L t + 2g_2\cos2\omega_L t + \cdots$$

通过混频晶体二极管的电流为电导与噪声电压的乘积,其中通过 D_1 和 D_2 的电流分别为:

$$i_1 = g_{D1} \cdot U_{nm}\cos(\omega_n t - 90°)$$
$$i_2 = g_{D2} \cdot U_{nm}\cos\omega_n t$$

将上述两式中的 g_{D1} 和 g_{D2} 分别代入、展开,按照前述处理方式进行三角公式变换、整理,最终分别从图 4.10 中选频回路 1 和选频回路 2 分别输出噪声中频电流 I_1 和 I_2 如下式所示。

$$I_1 = g_1 U_{nm}\cos(\omega_L - \omega_n)t$$
$$I_2 = g_1 U_{nm}\cos(\omega_L - \omega_n)t$$

可见:两者幅度相等,相位相间,但在电路上流通方向相反,于是互相抵消,抑制

了本振引入的噪声。

4.3.1.4.6　镜像抑制混频器

镜像抑制混频器的结构示意图如图 4.11 所示。它由两个混频器,一个同相功率分配器(简称功分器),一个射频三分贝电桥和一个中频三分贝电桥组成。其中混频器 I 和混频器 II 中,用集成模拟乘法器取代前述单端、平衡混频器中采用的分立元件非线性器件如晶体二极管等。其组成框图如图 4.12 所示。图中的乘法器在其 x、y 两个输入端分别输入电压 u_x 和 u_y 时,在其输出端便会输出电压 u_0,

$$u_0 = K u_x \cdot u_y$$

式中 K 为乘法器的增益系数,单位为 V^{-1}。

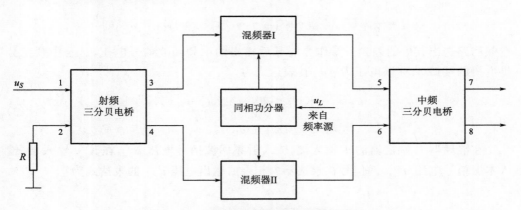

图 4.11　镜像抑制混频器的结构示意图

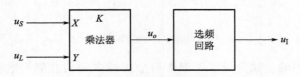

图 4.12　混频器 I、II 的组成框图

射频回波脉冲信号电压 u_s 加到射频三分贝电桥的端口 1,在电桥的端口 3 输出 u_{S3},端口 4 输出 u_{S4}。根据三分贝电桥的特性,u_{S3} 和 u_{S4} 幅度相同、等于 u_s 幅度的 $1/\sqrt{2}$;在相位上,u_{s4} 要滞后 u_{s3} 90°,表达式如下:

$$u_{s3} = U_{\mathrm{nm}} \cos \omega_S t$$

$$u_{s4} = U_{\mathrm{nm}} \cos(\omega_S t - 90°)$$

来自频率源的本振电压 u_L,经同相功分器分配到混频器 I 和混频器 II,其表达式为:

$$u_L = U_{\mathrm{Lm}} \cos \omega_L t$$

式中本振信号电压的角频率 ω_L 的值,决定于该接收机采用的混频方式是高差式还是低差式。若是高差式,则 $\omega_L < \omega_s$,混频后的中频角频率 $\omega_I = \omega_s - \omega_L$;若是低差式,则 $\omega_L > \omega_s$,$\omega_I = \omega_L - \omega_s$。设本接收机采用高差式混频方式,那么 $\omega_s > \omega_L$,$\omega_I = \omega_s - \omega_L$。

在混频器 I 乘法器的 x 输入端,输入射频回波信号电压 u_{S3},在其 y 输入端,输入本振信号电压 u_L。两信号在乘法器内相乘后输出电压 u_{0I} 的表达式为:

$$u_{0I} = K u_{S3} \cdot u_L$$
$$= K U_{Sm} \cos\omega_s t \cdot U_{Lm} \cos\omega_L t$$

根据三角公式,$2\cos\alpha\cos\beta = \cos(\alpha + \beta) + \cos(\alpha - \beta)$,上式可改写为:

$$u_{0I} = \frac{1}{2} K U_{Sm} U_{Lm} [\cos(\omega_s + \omega_L)t + \cos(\omega_s - \omega_L)t]$$

选频回路选出其中的差频分量作为混频后输出的中频回波信号电压,送至中频三分贝电桥的端口 5,称该电压为 u_{I5},其表达式为:

$$u_{I5} = \frac{1}{2} K U_{Sm} \cdot U_{Lm} \cos(\omega_s - \omega_L)t$$
$$= U_{Im} \cos(\omega_s - \omega_L)t \tag{4.13}$$

在混频器 II 乘法器的 x 输入端,输入射频回波信号电压 u_{S4},在其 y 输入端,输入本振信号电压 u_L。两信号在乘法器内相乘后输出电压 u_{0II} 的表达式为:

$$u_{0II} = K \cdot u_{S4} \cdot u_L$$
$$= K U_{Sm} \cos(\omega_s t - 90°) \cdot U_{Lm} \cos\omega_L t$$
$$= \frac{1}{2} K U_{Sm} U_{Lm} \{\cos[(\omega_s t - 90°) + \omega_L t] + \cos[(\omega_s t - 90°) - \omega_L t]\}$$
$$= \frac{1}{2} K U_{Sm} U_{Lm} \{\cos[(\omega_s + \omega_L)t - 90°] + \cos[(\omega_s - \omega_L)t - 90°]\}$$

选频回路选出其中的差频分量作为混频后输出的中频回波信号电压,送至中频三分贝电桥的端口 6,其表达式为:

$$u_{I6} = \frac{1}{2} K U_{Sm} U_{Lm} \cos[(\omega_s - \omega_L)t - 90°]$$
$$= U_{Im} \cos[(\omega_s - \omega_L)t - 90°] \tag{4.14}$$

中频三分贝电桥端口 7 的输出电压为:

$$u_{I7} = \frac{1}{\sqrt{2}} u_{I5} + \frac{1}{\sqrt{2}} u_{I6}(-90°)$$
$$= \frac{1}{\sqrt{2}} U_{Im} \cos(\omega_s - \omega_L)t + \frac{1}{\sqrt{2}} U_{Im} \cos[(\omega_s - \omega_L)t - 90° - 90°]$$

上式中两项之间相位差 $-180°$,相互抵消,结果 $u_{I7} = 0$,端口 7 无输出。

中频三分贝电桥端口 8 的输出电压为:

$$u_{I8} = \frac{1}{\sqrt{2}} u_{I5}(-90°) + \frac{1}{\sqrt{2}} u_{I6}$$

$$= \frac{1}{\sqrt{2}} U_{Im} \cos[(\omega_S - \omega_L)t - 90°] + \frac{1}{\sqrt{2}} U_{Im} \cos[(\omega_S - \omega_L)t - 90°]$$

上式中两项完全相同,相位一致,同相相加,结果:

$$u_{I8} = \sqrt{2} U_{Im} \cos[(\omega_S - \omega_L)t - 90°]$$

这个采用高差式混频方式的镜像抑制混频器,从其中频三分贝电桥的端口 8,输出混频后的中频回波脉冲信号电压,其振幅为 $\frac{1}{\sqrt{2}} K U_{Sm} U_{Lm}$;角频率为 $\omega_I = \omega_S - \omega_L$,频率为 $f_I = f_S - f_L$,供后续电路进行充分放大,完成混频器的功能。

这个高差式混频器的镜像角频率 ω_k 比本振角频率 ω_L 低一个中频角频率 ω_I。

镜像抑制混频器对于镜像干扰电压 u_K 与本振电压 u_L 混频的物理过程,与上述射频回波信号电压 u_S 与本振电压 u_L 混频的物理过程是完全相同的。在描述射频回波信号混频过程中所列出的数学表达式,只需将式中的 u_S 换成 u_K,ω_S 换成 ω_K,也就成了描述镜频干扰信号混频过程的数学表达式。据此,由混频器 I 输出,送至中频三分贝电桥端口 5 的中频镜像干扰电压 u_{K5},其表达式参考式(4.13)可写为:

$$u_{K5} = \frac{1}{2} K U_{Km} U_{Lm} \cos(\omega_K - \omega_L)t$$

由于 $\omega_K < \omega_L$,上式中 $(\omega_K - \omega_L) = -(\omega_L - \omega_K)$;根据三角公式 $\cos(-\alpha) = \cos\alpha$,上式可写为:

$$u_{K5} = \frac{1}{2} K U_{Km} U_{Lm} \cos(\omega_L - \omega_K)t$$

由混频器 II 输出,送至中频三分贝电桥端口 6 的中频镜像干扰电压 u_{K6},其表达式参考式(4.14)可写为:

$$u_{K6} = \frac{1}{2} K U_{Km} U_{Lm} \cos[(\omega_K - \omega_L)t - 90°]$$

$$= \frac{1}{2} K U_{Km} U_{Lm} \cos[(\omega_L - \omega_K)t + 90°]$$

中频三分贝电桥端口 7 输出的中频镜像干扰电压为:

$$u_{K7} = \frac{1}{\sqrt{2}} u_{K5} + \frac{1}{\sqrt{2}} u_{K6}(-90°)$$

$$= \frac{1}{\sqrt{2}} \cdot \frac{1}{2} K U_{Km} U_{Lm} \cos(\omega_L - \omega_K)t + \frac{1}{\sqrt{2}} \cdot \frac{1}{2} K U_{Km} U_{Lm} \cos[(\omega_L - \omega_K)t + 90° - 90°]$$

$$= \frac{1}{\sqrt{2}} K U_{Km} U_{Lm} \cos(\omega_L - \omega_K)t$$

可见，由于三分贝电桥对传输信号的移相特性，u_{K5} 和 u_{K6} 两电压在端口 7 同相相加，从而输出中频镜像干扰电压，端口 7，也被称为镜像中频端口。

中频三分贝电桥端口 8 输出的中频镜像干扰电压为：

$$u_{K8} = \frac{1}{\sqrt{2}} u_{K5}(-90°) + \frac{1}{\sqrt{2}} u_{K6}$$

$$= \frac{1}{\sqrt{2}} \cdot \frac{1}{2} K U_{Km} U_{Lm} \cos[(\omega_L - \omega_K)t - 90°] + \frac{1}{\sqrt{2}} \cdot \frac{1}{2} K U_{Km} U_{Lm} \cos[(\omega_L - \omega_K)t + 90°]$$

上式中两项之间相位差 180° 相互抵消，结果 $u_{K8} = 0$，端口 8 无中频镜像干扰电压输出。

在镜像抑制混频器的实际电路结构上，是在中频三分贝电桥的端口 7，接一匹配负载，吸收掉镜像干扰能量，将镜像中频端口封杀，而将端口 8 称为中频信号输出端与后续电路相接。

前面讨论的单端、平衡和镜像抑制混频器，都属于所谓的"窄带"混频器。由于在这些混频器中都采用了如定向耦合器、三分贝电桥等必须在规定的频率范围内工作的微波器件，当混频器需要展宽频带使用时，信号和本振的隔离度将大大下降，混频器性能就变得很差。双平衡混频器能改善这方面的性能。

4.3.1.4.7 双平衡混频器

双平衡混频器的结构示意图如图 4.13 所示。它采用由 4 只混频晶体二极管组成的电桥和两个平衡一不平衡变换器（Balanced-unbalanced Transformer，简称巴伦），组成相当于两个交替工作的平衡混频器。为了便于讨论双平衡混频器的工作原理，给出图 4.14。由该图可见，来自射频滤波器的射频回波脉冲信号，加到双平衡混频器信号巴伦的初级绕组，在其次级绕组的 1 端和 3 端之间的射频信号电压 u_S，平衡地加到分别由混频晶体二极管 D_1、D_2 和 D_3、D_4 组成的两个并联的双管串联电路的两端，使 4 只混频晶体二极管，各分得幅度相等的射频信号电压 u_{S1}、u_{S2}、u_{S3} 和 u_{S4}。

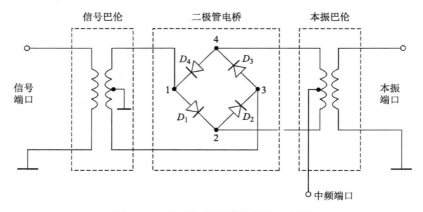

图 4.13 双平衡混频器的结构示意图

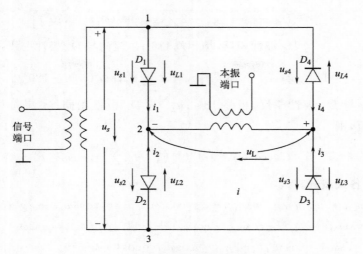

图 4.14　双平衡混频器工作原理示意图

　　来自频率源的本振信号,加到双平衡混频器本振巴伦的初级绕组,在其次级绕组的 4 端和 2 端之间的本振信号电压 u_L,平衡地加到分别为 D_3、D_2 和 D_4、D_1 组成的两个并联的双管串联电路的两端,使 4 只混频晶体二极管,各分得幅度相等的本振信号电压 u_{L1}、u_{L2}、u_{L3} 和 u_{L4}。

　　加到各管的射频回波信号电压的幅度为 U_{Sm},角频率为 ω_s,其表达式为:

$$u_{S1} = u_{S2} = u_{S3} = u_{S4} = U_{Sm}\cos\omega_S t$$

　　加到各管的本振信号电压的幅度为 U_{Lm},角频率为 ω_L,表达式为:

$$u_{L1} = u_{L2} = u_{L3} = u_{L4} = U_{Lm}\cos\omega_L t$$

　　由图 4.14 可见,各混频晶体二极管所加信号电压、本振电压的极性,以及混频后各管电流的流向。因为晶体二极管的电流都是从正极流向负极的,所以图中 D_1、D_3 的电流 i_1、i_3 是正向的正电流而 D_2、D_4 的电流 i_2、i_4 是负向的负电流。加到各管的本振电压作为决定管子工作点的偏压,使其交流电导随之变化,各管的电流等于各管的交流电导与所加信号电压的乘积。将各管所加信号、本振电压的极性和电流的流向,与管子的极性一一比较后,便可列出各管混频电流的表达式。

　　D_1:加到 D_1 的信号电压 u_{s1}、本振电压 u_{L1} 的极性,以及电流 i_1 的流向都与 D_1 的极性一致,则

$$i_1 = U_{Sm}\cos\omega_S t \cdot \left(g_0 + 2\sum_{n=1}^{\infty} g_n \cos n\omega_L t\right)。$$

　　D_2:u_{s2} 与 D_2 极性一致;u_{L2} 与 D_2 极性相反,相差 $180°$;i_2 流向与 D_2 极性相反,则

$$i_2 = -U_{Sm}\cos\omega_S t \left[g_0 + 2\sum_{n=1}^{\infty} g_n \cos n(\omega_L t + 180°) \right]$$

$D_3: u_{S3}$ 和 u_{L3} 与 D_3 极性相反,均相差 $180°$;i_3 流向与 D_3 极性一致,为正电流,则

$$i_3 = U_{Sm}\cos(\omega_S t + 180°)\left[g_0 + 2\sum_{n=1}^{\infty} g_n \cos n(\omega_L t + 180°) \right]$$

$D_4: u_{S4}$ 与 D_4 极性相反,相差 $180°$;u_{L4} 与 D_4 极性相同;i_4 流向与 D_4 极性相反,为负电流,则

$$i_4 = -U_{Sm}\cos(\omega_S t + 180°)\left(g_0 + 2\sum_{n=1}^{\infty} g_n \cos n\omega_L t \right)$$

将以上各式展开,得:

$$i_1 = U_{Sm}\cos\omega_S t \cdot (g_0 + 2g_1\cos\omega_L t + 2g_2\cos2\omega_L t + 2g_3\cos3\omega_L t + 2g_4\cos4\omega_L t + \cdots)$$

$$= g_0 U_{Sm}\cos\omega_S t + 2g_1 U_{Sm}\cos\omega_S t \cdot \cos\omega_L t + 2g_2 U_{Sm}\cos\omega_S t \cdot \cos2\omega_L t +$$

$$2g_3 U_{Sm}\cos\omega_S t \cdot \cos3\omega_L t + 2g_4 U_{Sm}\cos\omega_S t \cdot \cos4\omega_L t + \cdots$$

$$i_2 = -U_{Sm}\cos\omega_S t \cdot [g_0 + 2g_1\cos(\omega_L t + 180°) + 2g_2\cos2(\omega_L t + 180°) +$$

$$2g_3\cos3(\omega_L t + 180°) + 2g_4\cos4(\omega_L t + 180°) + \cdots]$$

$$= -g_0 U_{Sm}\cos\omega_s t - 2g_1 U_{Sm}\cos\omega_s t \cdot \cos(\omega_L t + 180°) - 2g_2 U_{Sm}\cos\omega_s t \cdot$$

$$\cos2(\omega_L t + 180°) - 2g_3 U_{Sm}\cos\omega_s t \cdot \cos3(\omega_L t + 180°) - 2g_4 U_{Sm}\cos\omega_s t \cdot$$

$$\cos4(\omega_L t + 180°) - \cdots$$

$$i_3 = U_{Sm}\cos(\omega_S t + 180°)[g_0 + 2g_1\cos(\omega_L t + 180°) + 2g_2\cos2(\omega_L t + 180°) +$$

$$2g_3\cos3(\omega_L t + 180°) + 2g_4\cos4(\omega_L t + 180°) + \cdots]$$

$$= g_0 U_{Sm}\cos(\omega_S t + 180°) + 2g_1 U_{sm}\cos(\omega_s t + 180°) \cdot \cos(\omega_L t + 180°) +$$

$$2g_2 U_{Sm}\cos(\omega_S t + 180°) \cdot \cos2(\omega_L t + 180°) + 2g_3 U_{sm}\cos(\omega_S t + 180°) \cdot$$

$$\cos3(\omega_L t + 180°) + 2g_4 U_{Sm}\cos(\omega_S t + 180°) \cdot \cos4(\omega_L t + 180°) + \cdots$$

$$i_4 = -U_{Sm}\cos(\omega_S t + 180°)(g_0 + 2g_1\cos\omega_L t + 2g_2\cos2\omega_L t + 2g_3\cos3\omega_L t +$$

$$2g_4\cos4\omega_L t)$$

$$= -g_0 U_{Sm}\cos(\omega_S t + 180°) - 2g_1 U_{Sm}\cos(\omega_S t + 180°) \cdot \cos\omega_L t -$$

$$2g_2 U_{Sm}\cos(\omega_S t + 180°) \cdot \cos2\omega_L t - 2g_3 U_{Sm}\cos(\omega_S t + 180°) \cdot \cos3\omega_L t -$$

$$2g_4 U_{Sm}\cos(\omega_S t + 180°) \cdot \cos4\omega_L t - \cdots$$

考虑到:

$$\cos n(\omega t + 180°) = \cos n\omega t \quad (n = 偶数)$$

$$\cos n(\omega t + 180°) = -\cos n\omega t \quad (n = 奇数)$$

代入以上 i_2、i_3 和 i_4 各式后得:

$$i_2 = -g_0 U_{Sm}\cos\omega_S t + 2g_1 U_{sm}\cos\omega_S t\cos\omega_L t - 2g_2 U_{sm}\cos\omega_S t \cdot \cos2\omega_L t +$$

$$2g_3 U_{Sm}\cos\omega_S t \cdot \cos3\omega_L t - 2g_4 U_{sm}\cos\omega_S t\cos4\omega_L t + \cdots$$

$$i_3 = -g_0 U_{Sm} \cos\omega_S t + 2g_1 U_{Sm} \cos\omega_S t \cos\omega_L t - 2g_2 U_{Sm} \cos\omega_S t \cdot \cos2\omega_L t +$$
$$2g_3 U_{Sm} \cos\omega_S t \cdot \cos3\omega_L t - 2g_4 U_{Sm} \cos\omega_S t \cos4\omega_L t + \cdots$$
$$i_4 = g_0 U_{Sm} \cos\omega_S t + 2g_1 U_{Sm} \cos\omega_S t \cos\omega_L t + 2g_2 U_{Sm} \cos\omega_S t \cdot \cos2\omega_L t +$$
$$2g_3 U_{Sm} \cos\omega_S t \cos3\omega_L t + 2g_4 U_{Sm} \cos\omega_S t \cos4\omega_L t + \cdots$$

混频后输出的总电流

$$i = i_1 + i_2 + i_3 + i_4$$
$$= 8g_1 U_{Sm} \cos\omega_S t \cos\omega_L t + 8g_3 U_{Sm} \cos\omega_S t \cdot \cos3\omega_L t + \cdots$$

可见,混频后输出的总电流 i 中,凡是射频信号与本振信号偶次谐波的组合分量都抵消了,只剩下射频信号与本振信号奇次谐波的组合分量。

根据三角公式 $2\cos\alpha \cdot \cos\beta = \cos(\alpha + \beta) + \cos(\alpha - \beta)$,将上式展开,得:

$$i = 4g_1 U_{Sm}[\cos(\omega_S + \omega_L)t + \cos(\omega_S - \omega_L)t] + 4g_3 U_{Sm}[\cos(\omega_S + 3\omega_L)t +$$
$$\cos(\omega_S - 3\omega_L)t] + \cdots$$
$$= 4g_1 U_{Sm}\cos(\omega_S + \omega_L)t + 4g_1 U_{Sm}\cos(\omega_S - \omega_L)t + 4g_3 U_{Sm}\cos(\omega_S + 3\omega_L)t +$$
$$4g_3 \cos(\omega_S - 3\omega_L)t + \cdots$$

总电流 i 经过选频回路选出角频率为 ω_I(等于 $\omega_S - \omega_L$)的中频电流 I_I,

$$i_I = 4g_1 U_{Sm}\cos\omega_I t$$

i_I 的幅度值为每一个混频晶体管输出中频电流的 4 倍,这就大大地改善了混频器的性能,这是双平衡混频器的主要优点。此外,它利用巴伦取代定向耦合器、三分贝电桥来输入射频信号和本振信号,基本不受频率限制,可使双平衡混频器的工作带宽展宽到数倍射频信号频率的程度。再者,如果它的 4 只混频晶体二极管的特性一致性好,巴伦也相当平衡,便能保证射频信号和本振信号的端口之间有良好的隔离,并且它的输出端也能抵消本振信号引入的噪声。它的缺点是结构相对复杂,还需要较大的本振功率。尽管如此,它还是得到了最广泛的应用。

4.3.1.5　前置中频放大器

前置中频放大器的功用在于将混频器输出的模拟中频回波脉冲信号进行放大,使其幅度满足数字中频分机对输入信号幅度的要求。天气雷达接收机中通常采用两级低噪声大动态范围的集成放大器作为接收前端的前置中频放大器。其增益约 20 ± 1 dB;噪声系数≤4 dB。

4.3.2　数字中频分机

数字中频分机常被称为数字中频接收机或数字中频转换器。其原理框图如图 4.15 所示。前置中频放大器输出的模拟中频回波脉冲信号送入模拟——数字变换器 ADC(Analog-to-Digital Converter)中,在采样时钟信号的控制下,进行模拟/数字(A/D)转换,形成二进制数字信号。然后在数字正交通道中对数字中频回波脉冲信号进行相位检波,在数字域中完成正交处理,获得表征回波信号幅度和相角的 $I(t)$、$Q(t)$ 数字信号,作为多普勒天气雷达原始数据送至信号处理分系统。

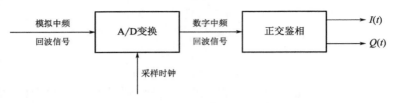

图 4.15　数字中频分机的原理框图

4.3.2.1　A/D 变换

模拟信号所表征的物理量是时间和幅值都是连续的模拟量;数字信号所表征的物理量是时间和幅值都是离散的、以二进制数值表示的数字量。

在数字中频分机中采用模拟——数字变换器,将经过与标准量比较处理后的中频回波脉冲信号电压的模拟量,转换成以二进制数字表示的数字量。二进制数字只有 0 和 1,每个 0 或 1 就是一个位、即一个 bit,音译比特(来自 binary digit)。

A/D 变换一般要经过取样、保持、量化和编码 4 个过程。所谓采样,是指周期性地获取模拟中频回波脉冲信号的瞬时值,从而得到一系列时间上离散的脉冲采样值。所谓保持,是指在两次采样之间,将前一次采样值保持下来,使其在量化、编码期间不发生变化。经采样保持得到的信号依然是模拟量而不是数字量,而任何一个数字量的大小,都是以某个最小数字量单位的整数倍来表示的。所以必须将该模拟电压转化为最小数值单位的整数倍,这个转化过程称为量化。所得到的最小数量单位称为量化单位,其大小等于数字量的最低有效位 LSB(Least Significant Bit)所代表的模拟电压大小。将量化的结果用多位二进制数码表示出来,称为编码。

A/D 转换的方法从转换原理来分有直接法和间接法两类。直接法是直接将模拟电压值转换成数字量。间接法是将被测模拟电压先转换成某一中间量,再由中间量转换成数字量。在天气雷达的中频接收分机中,使用的 ADC 都是采用直接法,当前直接法中的逐次比较型已成为主流。它是用数模网络输出一套与数字量对应的基准电压,从最高有效位 MSB(Most Significant Bit)起,逐位与被测模拟电压比较,直到两者达到或接近平衡时输出数字值。

在数字中频接收分机中,模拟中频回波信号送至 A/D 变换器,在采样时钟信号的控制下,对模拟中频回波信号进行周期性的采样、保持,并在量化后编码输出数字中频回波信号去作正交鉴相。

4.3.2.2　正交鉴相

正交鉴相是用以提取多普勒天气雷达探测气象目标所获原始数据的技术方法。

这里所指的原始数据就是 $I(t)$ 和 $Q(t)$ 正交信号。前已说明脉冲多普勒天气雷达探测时,天线接收到的射频回波脉冲信号,是定向辐射的高功率射频发射脉冲信号电磁波遇到气象目标降水粒子群发生电磁波散射现象时,由其中的反射波电磁波形成的。气象目标的回波信号,相当于在雷达接收的有限时间段内,目标对雷达发射的射频发射脉冲信号的载波既调幅又调频的结果。降水粒子群中粒子对载波电磁波的散射过程,相当于对发射脉冲信号的载波进行幅度调制;粒子的径向运动,相当于对发射脉冲信号的载波进行频率调制。设调制函数为 $u(t)$,它可以表示为:

$$u(t) = a(t)\mathrm{e}^{-j\phi(t)} \tag{4.15}$$

式中:$a(t)$ 是实振幅函数,反映粒子散射的幅度调制效应;$\phi(t)$ 是实相位函数,反映粒子径向运动的频率调制效应。

射频回波脉冲信号 $s(t)$ 可表示为

$$s(t) = u(t)\mathrm{e}^{j\omega_S t} \tag{4.16}$$

式中 ω_S 为载波角频率,$\mathrm{e}^{j\omega_S t}$ 是回波信号中的射频项,它并不包含任何有关气象目标的信息。

调制函数 $u(t)$ 内包含了气象目标降水粒子群这个散射体中全部粒子对回波振幅和相位产生的影响,反映了气象目标本身的基本特性,这正是天气雷达探测要达到的目的。

由式(4.15)和式(4.16)可得

$$s(t) = a(t)\mathrm{e}^{j[\omega_S t - \phi(t)]}$$
$$= a(t)\{\cos[\omega_S t - \phi(t)] + j\sin[\omega_S t - \phi(t)]\}$$

$s(t)$ 取实部,可写成

$$s(t) = a(t)\cos[\omega_S t - \phi(t)] \tag{4.17}$$

根据三角公式 $\cos(\alpha - \beta) = \cos\alpha\cos\beta + \sin\alpha\sin\beta$,

$$s(t) = a(t)\cos\omega_S t\cos\phi(t) + a(t)\sin\omega_S t\sin\phi(t)$$

令
$$a(t)\cos\phi(t) = I(t)$$
$$a(t)\sin\phi(t) = Q(t)$$

则回波信号实部可表示为

$$s(t) = I(t)\cos\omega_S t + Q(t)\sin\omega_S t \tag{4.18}$$

式(4.18)中的 $I(t)$、$Q(t)$ 分别称为余弦分量包络函数、正弦分量包络函数,简称"正交信号",这就是多普勒天气雷达探测得到的反映被测气象目标基本特性的原始数据。

回波信号调制函数 $u(t)$ 中的实振幅函数 $a(t)$ 和实相位函数 $\phi(t)$ 分别为

$$a(t) = \sqrt{I^2(t) + Q^2(t)}$$
$$\phi(t) = \mathrm{tg}^{-1}[Q(t)/I(t)]$$

可见，只要提取了正交信号 $I(t)$ 和 $Q(t)$，就可以确定回波信号的实振幅函数 $a(t)$，也就是确定了回波信号的振幅，它反映了回波的强度信息；同时可以确定回波信号的实相位函数 $\phi(t)$，也就是回波信号的相位。正如前面讨论比相问题时列出的数学表达式(4.1)所示，

$$\phi(t) = \phi = \phi_0 - \frac{4\pi R}{\lambda}$$

前已说明，有了 $\phi(t)$ 数据就可以获得载波角频率中所包含的多普勒角频率 ω_d，因为

$$\frac{\mathrm{d}\phi(t)}{\mathrm{d}t} = \omega_d = 2\pi f_d$$

便可得知多普勒频移 f_d 的值，也就获取了回波的速度信息，即降水粒子群的平均径向运动速度。

为了提取正交信号所采取的正交鉴相方法，就是将式(4.17)所示的回波信号 $s(t)$ 的实部，与来自频率源的相参信号 $s_I(t)$，在乘法器中相乘、混频，这一过程也称为相位检波。相参信号的表达式为：

$$s_I(t) = \cos\omega_s t$$
$$s(t) \cdot s_I(t) = a(t)\cos[\omega_s t - \phi(t)] \cdot \cos\omega_s t$$

根据三角公式 $\cos\alpha \cdot \cos\beta = \frac{1}{2}[\cos(\alpha+\beta) + \cos(\alpha-\beta)]$，

$$s(t) \cdot s_I(t) = \frac{1}{2}a(t)[\{\cos[\omega_s t - \phi(t)] + \omega_s t\} + \cos\{[\omega_s t - \phi(t)] - \omega_s t\}]$$
$$= \frac{1}{2}a(t)\{\cos\phi(t) + \cos[2\omega_s t - \phi(t)]\}$$

$$(4.19)$$

式(4.19)表明了回波信号与相参信号混频后的结果，最后由选频回路滤去高频分量，剩下的就是 $\frac{1}{2}a(t)\cos\phi(t)$，这就是 $\frac{1}{2}$ 余弦分量包络函数 $I(t)$。

移相 $\pi/2$ 后的相参信号为：

$$S_Q(t) = \sin\omega_s(t)$$

将回波信号与之混频后可得

$$S(t)S_Q(t) = \frac{1}{2}a(t)\{\sin\phi(t) + \sin[2\omega_s t - \phi(t)]\}$$

滤去高频分量后，剩下的就是 $\frac{1}{2}$ 正弦分量包络函数 $Q(t)$。

在现代天气雷达的数字中频分机中，都是采用数字正交鉴相电路来提取数字正交信号，其原理框图如图4.16所示。来自 ADC 的数字中频回波脉冲信号，分成两路分别送至数字混频器 I 和 II（均为集成数字乘法器）。由数控振荡器 NCO（Numerically Controlled Oscillator)同时产生的数字余弦波和数字正弦波分别送到数字混频器Ⅰ和Ⅱ中,与数字中频回波脉冲信号相乘、混频。于是两个数字混频器分别输出混频结果,加到作为选频回路的有限冲激响应 FIR(Finite Impulse Response)滤波器。FIR 滤波器一方面将带外的杂波滤除。同时从众多的数字 $I(t)$、$Q(t)$ 采样数据中抽取能完全反映回波特性的、具有典型意义的少量数字 $I(t)$、$Q(t)$ 数据输出。例如,某多普勒测云雷达的模拟中频回波脉冲信号的宽度为 20 μs,中频频率为 50 MHz,相参信号的频率也是 50 MHz,A/D 的采样时钟频率为 80 MHz,采样周期为 12.5 ns。对 20 μs 宽的中频回波脉冲信号,A/D 采样 1600 次,输出 1600 点 16 位的数字中频回波脉冲信号,送到数字正交鉴相电路。最后从 FIR 滤波器中只抽取具有典型意义的 40 点 16 位 $I(t)$、$Q(t)$ 数据送到信号处理分系统。

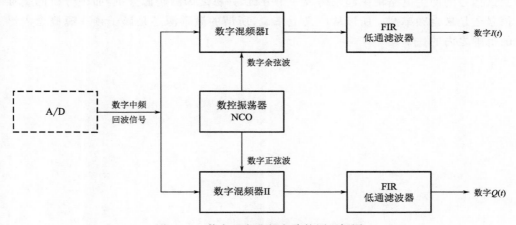

图 4.16 数字正交鉴相电路的原理框图

4.3.3 频率源

接收机中的频率源承担向雷达全机提供高频率稳定度和高纯频谱的各种频率的信号源的功能。如向发射分系统提供射频激励信号;向监控分系统提供系统时序时钟信号等。在接收分系统内部频率源向接收前端提供稳定本振信号,向数字中频分机提供中频相参信号、A/D 采样时钟信号等。

频率源所提供的各种高频率稳定度和高纯频谱的信号,尽管它们的频率各不相同,但是在时间上它们之间都具有严格的相位同步关系,它们是相参的,只有这样才能保证雷达系统的全相参特性,实现全相参处理。

频率源的简化原理框图如图 4.17 所示。晶体振荡器为雷达系统提供高频率稳定度和高纯频谱的基准信号。频标综合器实际上是一个多种频率信号的产生器,它将晶体振荡器送来的基准信号,进行倍频、分频、滤波、选频、放大、功分等综合处理后,产生多种频率的信号。目前在频标综合器中常采用数字直接信号合成器 DDS (Digital Direct Synthesizer)、数字锁相环 PLL(Phase-Locked Loop)技术,保证频率源输出的各种频率的信号的质量。

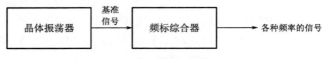

图 4.17　频率源的简化原理框图

有的多普勒天气雷达在硬件结构上将向发射分系统提供射频激励信号以及某些测试信号的产生电路集中起来构成一个分机,并称之为激励源分机,而该分机的基准信号还是来自频率源。所以从广义上来说,所谓的激励源还是属于频率源概念内涵的范围之内的。

第 5 章　信号处理分系统

5.1　功能

现代天气雷达中信号处理分系统的核心功能是将来自雷达接收系统的探测气象目标原始数据 I、Q 正交信号,进行各种计算、处理后,得到目标强度的估测值、即反射率因子 Z,散射粒子群的平均径向速度 V 和速度谱宽 W,以及其他偏振量信息如差分反射率因子 Z_{DR}、差分传播相移 Φ_{DP}、差分传播相移率 K_{DP}、相关系数 ρ_{hv}、退偏振比 L_{DR} 等气象目标的基本数据(简称基数据)。最终送至数据处理与显示分系统、即终端分系统,再由后者处理生成各种气象产品,供气象观测人员分析使用。此外,信号处理分系统在特定天气雷达中还承担产生雷达整机触发时序信号和各种控制信号,以协调各分系统同步工作的任务。

5.2　信号处理的内容、方法简介

天气雷达信号处理分系统对气象目标原始数据 I、Q 正交信号的处理工作,主要包括地杂波滤波处理,数字视频积分 DVIP(Digital Video Integral Process),快速傅里叶变换 FFT(Fast Fourier Tansform)处理和脉冲对处理 PPP(Pulse Pair Processing)。对 I、Q 正交信号进行地杂波滤波处理的目的是抑制地杂波干扰,保证雷达探测精度;进行 DVIP 处理是为获取目标的强度参数 Z;进行 FFT 处理和 PPP 是为计算目标的速度 V 和速度谱宽 W。对于双偏振雷达来说,偏振参量也通过 PPP 方法来估算。经过信号处理后,最终将这些基数据提供给终端分系统。

5.2.1　地物杂波滤波处理

当雷达波束主瓣或旁瓣的能量射向地面物体如建筑物、树木、灯杆……时,就会有反射能量被雷达接收而成为回波显示在相应的位置上,形成地物杂波。它与气象目标回波同时显示,干扰了对气象目标回波的识别和辨认。在对气象目标如降水等进行定量测量时,掺杂的地物杂波将会严重影响测量精度。因此,为了获取高质量的雷达数据,必须有效消除地物杂波影响。

对地物杂波的谱分析表明,地物杂波的多普勒谱线集中在零频附近。因此,采用一个截止频率较低,抑制凹口比较深的高通滤波器来抑制地物杂波。但是,由于雷达测量的速度是目标的径向速度,气象目标回波信号在零频附近会有一定的能量。为了减少回波信号经高通滤波器后的损失,同时也不希望由于滤波器增益不一致而给后续气象回波信号估值引入较大的偏差,这就要求高通滤波器在带内增益尽量平坦,凹口深度满足要求。目前通常采用的是无限冲激响应 IIR(Infinite Impulse Response)椭圆滤波器。这里的"无限"是指处理的是无限长的数字序列;"冲激响应"是指对很窄的脉冲信号的响应;"椭圆"一词来源于用来逼近衰减特性的是椭圆函数。在多种 IIR 滤波器中,椭圆滤波器具有最好的衰减特性,它能滤去属于地物杂波的低多普勒频率分量而使含有气象目标信息的高多普勒频率分量能够无衰减地通过。这样之后再进行信号处理时就可以达到抑制地物杂波的目的。

对于偏振雷达来说,偏振参量更容易受到地物的影响,在处理方法上也更为复杂,通常使用地物识别和地物抑制相结合的方法来提升地物抑制的效果。在地物识别方面,主要有基于模糊逻辑算法以及朴素贝叶斯分类器的方法,其基本原理都是首先对雷达回波进行分类(如地物回波、气象回波、低速气象回波等),然后选择能够代表不同类型回波的典型参量作为判据,统计各判据在不同分类下的规律,从而建立起地物识别的依据。所不同的是,模糊逻辑方法统计的判据分类称为成员函数,朴素贝叶斯分类器方法统计的则是各判据的条件概率密度函数。总的来说,足够多的样本以及判据的典型性是影响这两类方法识别效果的关键。进行地物识别既可以保证对地物回波的有效处理,又可以有效减少对低速气象回波的过度抑制,如图 5.1 所示。在地物抑制方面,一般分为时域和频域处理方法,其中频域方法更为灵活,也得到了更多的应用,如高斯模型自适应处理 GMAP(Gaussian Model Adaptive Processing)

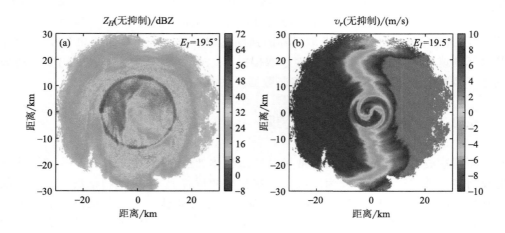

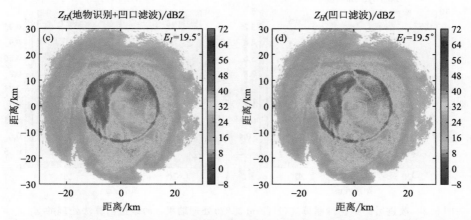

图 5.1　19.5°仰角 PPI 是否使用地物识别算法对地物抑制效果影响的对比：(a)未经过地物处理的 Z_H；(b)未经过地物处理的 v_r；(c)经过地物识别和凹口滤波方法处理后的 Z_H；(d)经过凹口滤波方法处理后的 Z_H。图中所用数据由 NJU-CPOL 雷达在 2014 年 6 月 15 日 08 时 43 分(UTC)在安徽长丰采集

和双高斯模型自适应处理 BGMAP(Bi-Gaussian Model Adaptive Processing)等方法。在双偏振雷达中应用频域地物抑制方法时，要注意水平和垂直通道处理参数的选择，避免由于地物处理带来的两通道幅度和相位的差异，从而为偏振参量估算引入新的偏差。在综合考虑地物处理时水平和垂直通道幅度、相位以及降水回波在两通道的相关性以后，就可以显著提升地物位置偏振参量的数据质量，如图 5.2 所示。

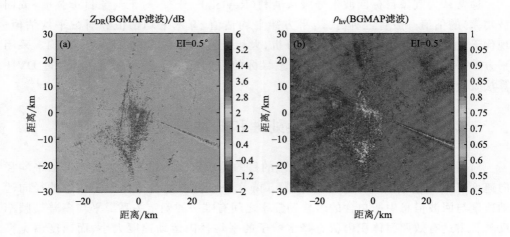

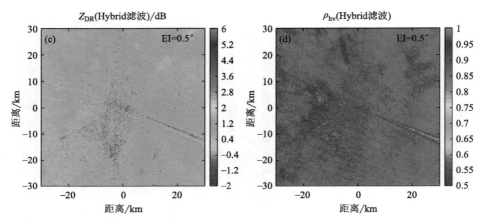

图 5.2　改进后的地物抑制算法（Hybrid 滤波）处理结果：（a）改进前算法处理的 Z_{DR}；
（b）改进前算法处理的 ρ_{hv}；（c）改进后算法处理的 Z_{DR}；（d）改进后算法处理的 ρ_{hv}。
图中所用数据与图 5.1 相同

5.2.2　数字视频积分处理

气象目标如降水粒子群的回波信号，是这个群中所有粒子共同作用的结果。由于降水粒子之间的无规则相对运动，引起回波信号的涨落脉动。同时，粒子群的回波功率的时间平均值，等于各个粒子一段时间内的回波功率之和，具有时间稳定性。为使天气雷达能准确地定量探测降水，就必须利用视频积分装置将回波信号平均处理，即数字视频积分 DVIP 功能。

通常认为气象目标回波信号服从瑞利（Reyleigh）分布，对于气象目标强度（或回波功率）的估值一般有三种方式：平方律平均估值、算术平均估值和对数平均估值。现代天气雷达都采用数字中频接收分机，大幅度提高了系统的线性动态范围。采用平方律平均估值处理信号强度，将气象目标的原始数据 I、Q 正交信号，经过 DVIP 算法处理取得目标强度估值。

5.2.3　快速傅里叶变换处理和脉冲对处理

对回波信号进行 FFT 和 PPP 处理的目的是获取气象目标降水粒子群的平均径向速度 V 和速度谱宽 W 以及偏振参量。降水粒子群中的粒子相对于雷达的径向运动速度与回波信息中所包含的多普勒频率之间有唯一的确定关系。平均多普勒频率反映了雷达有效照射体积内所有降水粒子的平均径向运动速度大小，而速度谱宽反映的是体积内各粒子之间的径向运动速度差异状况。偏振参量提供了有效照射体积内气象粒子的更多其他信息,如粒子形状、浓度和降水一致性等。差分反射率因子 Z_{DR} 反映了体积内各粒子的中值形状(雨滴的中值尺寸),其零值、正值和负值分别代表了球形、水平椭球状及垂直椭球状粒子。差分传播相移 Φ_{DP} 表征的是自雷达至探测目标行程内粒子的累积液态含水量,它与粒子形状以及浓度都有关系,一般来说,降水粒子越大,浓度越高,对应的 Φ_{DP} 增加也就越快。差分传播相移率 K_{DP} 是 Φ_{DP} 在距离上的导数,该参量可以更好地表征指定距离库上的降水信息。相关系数 ρ_{hv} 反映的是采样体积内各粒子在水平偏振和垂直偏振脉冲相似程度,用来表征降水一致性,如单一类型降水、混合降水以及非降水回波等。单一类型降水的 ρ_{hv} 通常大于 0.97,混合降水的 ρ_{hv} 通常在 0.8 到 0.97 之间,而非降水回波的 ρ_{hv} 通常低于 0.7。

　　回波信号是离散的脉冲信号时变函数,经过 A/D 变换后被转换成离散式的回波数据。送达信号处理分系统的原始数据 I、Q 正交信号也是时变函数。将回波信号通过离散傅里叶变换 DFT(Discrete Fourier Transform),将其由离散时域信号变换成离散频域信号,即谱信号,然后在谱信号中的多普勒频移和频谱方差的基础上得到平均多普勒速度 V 和速度谱宽 W。

　　多普勒天气雷达提取信息的方法是将雷达接收到的回波信号,按照距离和方位分布进行处理。在距离上以固定长度间隔(称为距离库长)划分。在方位上,以固定角度为间隔(称为方位角)划分,若一部雷达探测距离为 150 km,距离库长为 150 m,方位角为 1°,那么雷达天线扫描一周 360°,便可得到 360×1000 即 3.6×10^5 组数据资料。如果天线转速为 2 周/min,则在 1 s 里需要处理 1.2×10^4 组资料才能满足日常探测的业务要求。在资料处理过程中最大计算量就是离散傅里叶变换(Discrete Fourier Transform,DFT)的运算。变换过程中确定的样本数越多,即点数越多,则精确度越高,但同时运算量也越大。

　　快速傅里叶变换(Fast Fourier Transform,FFT)是在 DFT 的基础上,为了提高变换速度而发展起来的技术。它们都是在直接对回波信号进行傅氏变换的基础上计算多普勒信息数据,未引入任何假设条件,所以精确度比较高。FFT 避免了 DFT 在变换过程中经常出现的重复运算,从而大大节省了运算时间,所以被广泛采用。在样本数为 1024 时,FFT 的运算量只为 DFT 的 1/200。

　　脉冲对处理(Pulse Pair Processing,PPP)方法的特点是在假定雷达有效照射体积内每一个粒子的径向速度脉动具有偶函数的分布密度的条件下,采用相继的两个取样值,成对地进行处理,直接得到平均多普勒频率和速度。若进一步假定偶函数分布密度为正态分布,还可得到多普勒频谱方差和速度谱方差等信息。由于它对连续两个取样值进行成对处理,所以称为脉冲对处理法。采用这种处理法可以大大减少计算量。

　　在实际工作中,当雷达探测到的回波强度较强时,采用 FFT 处理方法,而回波强度较弱时则采用 PPP 处理方法,各种处理方法的样本数,即点数的选择都由终端分系统来完成。

双偏振雷达多采用 PPP 方法进行参量估算,形成了基于自相关函数(Auto-Correlation Function,ACF)和互相关函数(Cross-Correlation Function,CCF)的参量估算方法,并且总体上可以分为两大类。一类称为传统算法,该算法以 0 阶或者 1 阶 ACF/CCF 方法来估算雷达参量。例如使用 0 阶 ACF 来估算信号功率,使用 0 阶和 1 阶 ACF 来估算谱宽,使用 0 阶 ACF 和 CCF 来计算相关系数等;另一类称为多阶相关算法,该方法不使用 0 阶 ACF,而使用更高阶的 ACF 对参量进行估算,但依然使用 0 阶 CCF。传统算法中参量估算的偏差主要来源于噪声功率估算的偏差,在信噪比(Signal to Noise Ratio,SNR)较低时受影响更大;而多阶相关算法受 SNR 影响较小,更多的是受被探测气象目标本身的谱宽影响,因为这将影响到用于参量估算的相关阶数。因此,可以考虑采用混合的参量估算方法。基本原则是根据回波信号特征,选择所有可用阶数的 ACF/CCF 来进行参量的估算。比如当 SNR>20 dB 时,传统算法和 2 阶、多阶相关算法估算结果基本相同,但传统算法的计算过程更为简洁。因此,当 SNR 较大时,选择传统算法进行参量估算。当 SNR 较小且可用阶数满足条件时,则使用多阶相关估算方法。与传统方法相比,混合参量估算方法可以有效提升低 SNR 时的参量估算质量。如图 5.3 所示为一次降水过程中相关系数 ρ_{hv} 的估算结果

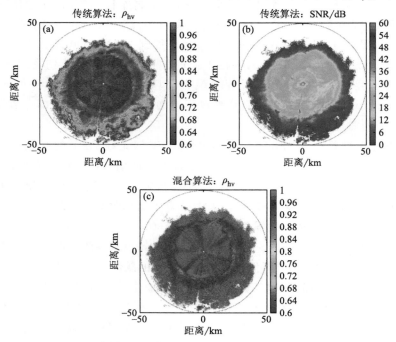

图 5.3 NJU-XPOL 雷达传统算法和混合算法对 ρ_{hv} 的估算结果对比:(a)传统算法估算的 ρ_{hv};(b)传统算法估算的 SNR;(c)混合算法估算的 ρ_{hv}。数据为南京大学仙林校区 2013 年 7 月 5 日 04 时 06 分(UTC)10°仰角 PPI

对比,混合参量估算方法显著提升了低 SNR 区域的相关系数估算质量。

5.3　结构配置

目前我国组网、现役的多普勒天气雷达的信号处理分系统大致有两种构架方式:一种是采用模块化设计,由功能插件板组成,通常置于雷达主机室中综合机柜的综合分机中。另一种是采用现成的外购件数字中频接收机/多普勒信号处理器-8(或-9),即 RVP8(Digital IF Receiver/Doppler Signal Processor-8)或 RVP9。其所有部件和元器件都安装在主机箱和屏蔽盒内,而后两者则安置在雷达主机室中的监控机柜中。

采用模块化构架方式的信号处理分系统的简化原理框图如图 5.4 所示。它主要由接口控制板、多功能数字信号处理器 MDSP(Multiple digital signal processor)板和时序板组成。接口控制板接收来自接收分系统数字中频接收分机输出的数字 I、Q 正交信号,以及来自监控分系统的监控数据,进行数据格式转换,以便与 MDSP 板完成正确的数据接口。MDSP 板是这种信号处理分系统的核心部件,它主要由四片通用数字信号处理器 DSP(Digital Signal Processor)芯片组成,分别完成 IIR、DVIP、PPP/FFT 等功能。MDSP 板中各功能芯片之间采用总线控制,同时也可通过网络口进行串行通信。时序板首先作为数字信号处理结果的数据缓存区,提供一个本分系统与其他分系统的数据接口。此外,它还以来自频率源的基准时钟信号为基础,产生本分系统和雷达整机所需的各种时序信号和控制信号,如:基准触发脉冲,发射触发脉冲,充/放电触发脉冲等,通过监控分系统送至其他分系统,协调全机同步工作。

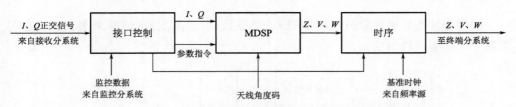

图 5.4　模块化构架方式信号处理分系统简化原理框图

另一种构架方式的信号处理分系统所采用的 RVP8 或 RVP9 整件,是一种在硬件上采用开放的 PC 构架作为主要的数据运算资源,用标准 PC 机取代专用的 DSP 芯片,信号处理算法直接由高速 CPU 控制完成。它不仅是雷达信号处理分系统的核心部件,同时也以更高的水准完成了接收分系统中数字中频接收分机的全部功能。此外,由于配备了同步机/数字,即 S/D(Synchro/Digital)变换器,可以替代原本设置在伺服分系统中的 S/D 变换器,直接将同步机电压转换成天线方位角、仰角的实时数字角码。

第6章 监控分系统

6.1 功能

　　监控分系统负责对雷达系统全机工作状态进行监测和控制。它通过机内自动测试设备 BITE（Built-in-test equipment）、采集全机各主要分系统的重要技术参数，工作状态和故障信息。BITE 设计中通常采用分散采样监测和集中控制的原则，即雷达的发射、接收、伺服、信号处理等分系统中，都有各自的 BITE，分别各自采集本分系统的工作状态和故障信息，全部送往监控分系统，由其完成故障检测定位和连锁保护功能。全机故障自动检测可以定位到相应的功能部件。监控分系统同时将采集到的雷达各主要分系统的工作状态和故障信息，送往数据处理与显示分系统，并接收由后者发出的、对其他各分系统的操作控制指令和工作参数设置指令，经分析和处理后，转发至各相应分系统，完成相应的控制操作和工作参数设置。

6.2 组成

　　监控分系统的原理示意框图如图 6.1 所示。主要由主控、信号采集、接口、信号调理 4 个功能模块组成。

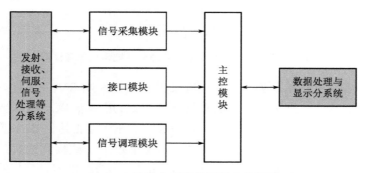

图 6.1　监控分系统的原理示意框图

　　主控模块是监控分系统的任务管理和数据处理的中心，可采用标准的嵌入式计算机模块，包括 CPU、内存、通信网络接口以及键盘和鼠标接口等。不少天气雷达采用工控机,这也就是监控分系统的监控微机。在其他模块的配合下,监控微机分析、处理从各分系统采集到的数据,完成故障定位和连锁保护。它建立同数据处理与显示分系统之间的信息互通机制,转发终端下达的各种指令,从而完成本分系统的任务。

信号采集模块通常采用标准的外围器件互联 PCI(Peripheral Component Interconnect)数据采集卡,对发射、接收等其他分系统送来的模拟信号,进行 A/D 变换,对各类工作状态和故障信息进行采集和处理后,送往主控模块。

接口模块提供多路接口,实现本分系统与发射、接收、信号处理、伺服以及数据处理与显示分系统之间的通信。

信号调理模块实现各种电平转换,如 TTL 电平与 RS-422、RS-232,以及 CMOS 电平之间的转换。

6.3　结构配置

监控分系统的物理结构可以是一个带有面板的插件板,称为监控主板,将主控模块信号采集模块等固定在监控主板上,也可以将监控分系统的各种功能模块安装在一个有面板的分机的底板上,称之为监控分机。上述监控主板或监控分机分别置于称为综合机柜或主机柜之中。也有的天气雷达单独将一个标准机柜设置为监控机柜。将工控机的底板、主板卡,以及信号采集、信号调理、接口模块等一起构成监控数据采集分机,在监控机柜中,从上而下依次安置监控微机的显示器,监控数据采集分机,键盘鼠标等设备。监控分系统与其他各分系统之间的通信,可以通过网线或光纤来完成。

第 7 章　伺服分系统

7.1　功能

伺服分系统也被称为天线控制(简称天控)分系统。

由于天气雷达探测的是三维空间中的气象目标,所以要求雷达天线应该能指向任何方向。雷达天线按指令作相应的运动,称之为天线扫描。当前天气雷达天线扫描方式主要有两种:一种是方位旋转扫描,天线以选定的仰角、环绕垂直轴、在方位上旋转、作圆周扫描;另一种是俯仰往返扫描,天线在选定的方位上,不断地作上仰、下俯的俯仰往返扫描。伺服分系统的主要功能,就是控制雷达天线作各种方式的扫描运动,以满足气象探测的需要。

雷达天线在作扫描运动时,其当前的运行状态(包括运行方向和转速)以及当前天线位置(方位角、仰角)等信息,由伺服分系统负责采集,经过量化后,送往监控分系统,再送至信号处理分系统。

伺服分系统内部的 BITE 将本分系统的故障信息送往监控分系统,进而再由监控分系统,将其与其他分系统的故障信息一并送往数据处理与显示分系统,最后在终端显示器上显示。

7.2　组成

伺服分系统的原理示意框图如图 7.1 所示。由图可见,伺服分系统由伺服控制板,方位和俯仰驱动器,方位和俯仰驱动电机,方位角和俯仰角测量元件,方位和俯仰轴角变换器,本控显示板和伺服电源等部分组成。

7.2.1　伺服控制板

伺服控制板是伺服分系统的核心,分系统的主要功能都是通过伺服控制板内主控模块的主控作用完成的。

操作人员可以在雷达终端计算机上、也可以在本分系统的本控显示板上设置雷达天线的预想位置,发出操作指令,前者通过监控分系统、后者则直接送至伺服控制

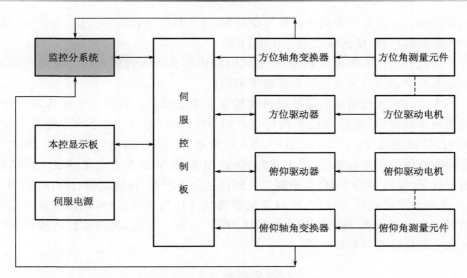

图 7.1　伺服分系统的原理示意框图

板。同时,方位和俯仰轴角变换器将来自方位角和俯仰角测量元件的反映当前天线角位置的模拟信号转换成二进制数据,也送至伺服控制板。在伺服控制板中,以相应的软件,对指令和数据进行运算、处理,产生用以控制方位、俯仰驱动电机运转的信号,经方位、俯仰驱动器,控制天线作相应的各种方式的扫描运动。

伺服控制板中的主控模块常采用现场可编程逻辑门阵列 FPGA(Field Program-mable Gate Arrey)。这是一种专门用于处理人工智能应用中的大量计算任务的人工智能 AI(Artificial Intelligence)芯片。基本结构包括可编程输入、输出单元,可配置逻辑块、数字时钟管理模块,嵌入式 RAM 等。具有布线资源丰富可重复编程等特点。

7.2.2　方位、俯仰驱动器

驱动器的功能是接受伺服控制板发来的控制指令,包括天线转向、转速指令,定位位置指令,以及反映当前天线转向和转速等状态信息。经内部计算处理,将当前角度位置信息与定位位置指令要求的位置信息进行比较,得出其中天线方位和俯仰误差信号,据此产生驱动天线转动的驱动信号,去控制方位和俯仰驱动电机,带动天线朝着减小误差的方向转动,从而完成相应的扫描运动。

7.2.3　方位、俯仰驱动电机

驱动电机,简称电机,是电动机,它通过齿轮系统组成的传动机构,带动天线作各种扫描运动。方位电机带动天线的方位转轴,使天线作方位旋转扫描;俯仰电机则带动天线的俯仰转轴,使天线作俯仰往返扫描。

电动机按工作电源种类划分,有直流电动机和交流电动机两种。在天气雷达的伺服分系统中,交、直流电动机都有被采用的。

图 7.2 为某天气雷达方位传动机构传动关系示意图。方位驱动电机转动时,通过减速装置减速后、带动方位小齿轮 Z_1(21 齿)转动,与 Z_1 啮合的方位大齿轮 Z_2(105 齿)按减速比 Z_2/Z_1(105/21)为 5:1,带动天线方位转轴同步转动。装在天线方位转轴外围的传动齿轮 Z_3(240 齿)与齿数相等的、安装在方位角测量元件转轴外周的齿轮 Z_4(240 齿)相啮合。根据这样的传动关系可知,在规定的时间内,例如 10 s 内,方位驱动电机旋转 300 周,按减速装置的减速比为 60:1 计,减速后带动方位小齿轮 Z_1 旋转 5 周,Z_1 啮合方位大齿轮 Z_2 旋转一周。可见,天线方位转轴和方位角测量元件的转轴都只旋转一周。

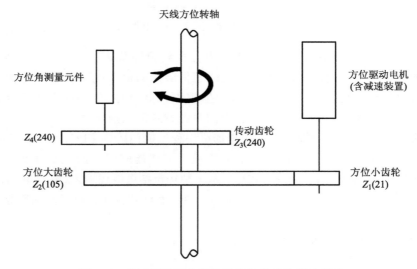

图 7.2 某天气雷达方位传动机构传动关系示意图

图 7.3 为某天气雷达俯仰传动机构传动关系示意图。因为天气雷达天线俯仰的范围通常限定在约 $-2°\sim 90°$,所以与天线俯仰转轴相连的传动齿轮 Z_2 和 Z_3 都采用扇形齿轮。俯仰扇形大齿轮 Z_2 的扇形角为 130°、齿数 105;传动扇形齿轮的扇形角为 160°、齿数 400。俯仰驱动电机(含减速装置)带动的俯仰小齿轮 Z_1 的齿数为 21。俯仰角测量元件的转轴的传动齿轮 Z_4 的齿数为 200。俯仰驱动电机和方位驱动电机型号相同。当俯仰驱动电机转动时,带动天线俯仰转轴、俯仰角测量元件转轴的传动过程与方位传动相似,当天线仰角转动 1°时,俯仰角测量元件转轴也转动 1°。

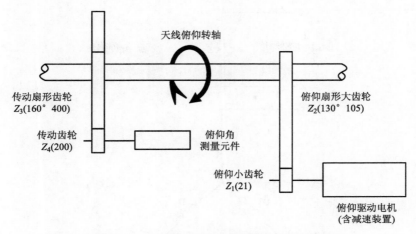

图 7.3　某天气雷达俯仰传动机构传动关系示意图

7.2.4　方位角、俯仰角测量元件

　　方位角和俯仰角测量元件用来实时测量雷达天线当前的方位角和俯仰角数值，即天线的位置信息。这是一种模拟电压信号。经轴角变换器将其变换成反映当前天线方位角、仰角位置的二进制数据。该数据送至伺服控制板后还加到本控显示板上，作天线角度指示。天线当前的方位角和俯仰角位置信息还通过监控分系统送往信号处理分系统和数据处理与显示分系统，以供它们结合气象目标的强度、速度和谱宽信息进行相应的计算和处理，生成所需气象产品满足气象探测的需要。

　　测量天线方位角和俯仰角的元件主要有同步发送机，旋转变压器和码盘。

7.2.4.1　同步发送机

　　同步发送机是一种自整角机（Synchro），对角位移或角速度的偏差能自动地整步的一种控制电机，可用来实现自动指示角度和同步传输角度。自整角机也称同步机，分为自整角发送机（也称同步发送机）和自整角接收机（也称同步接收机）两种，通常成对使用。同步发送机产生信号，将转轴上的转角变换为电信号；同步接收机接收该信号，并将其变换为转轴的转角，从而实现角度的传输。在天气雷达的伺服分系统中单独采用同步发送机，用它将天线方位或俯仰转轴的转角变换为电信号，而无须采用同步接收机。

　　同步发送机的结构及原理示意图如图 7.4 所示。它由定子和转子构成，定子上装有在几何位置上相互间隔 $120°$ 的三相绕组。转子上装有一个单相绕组，接 50 Hz 单相激磁电压 u_0，$u_0 = U_m \sin\omega t$。转子与天线主轴同步转动。当天线主轴处于不同

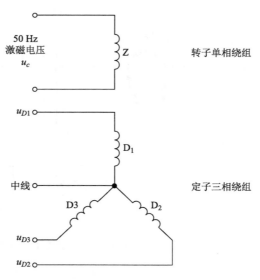

图 7.4　同步发送机的结构及原理示意图

角度时,同步发送机三相定子绕组的感应电压 u_1、u_2、u_3 也随之变化,因此,三相定子绕组电压包含了天线的角度位置信息。

在天气雷达的伺服分系统中作为方位角测量元件的方位同步发送机的转子与天线的方位转轴同步转动;而作为俯仰角测量元件的俯仰同步发送机的转子则与天线的俯仰转轴同步转动。方位和俯仰同步发送机的三相定子绕组电压和转子绕组的激磁电压,分别送至方位和俯仰轴角变换器,分别变换成反映当前天线方位角和仰角位置的二进制数据,分别送至伺服控制板和监控分系统。

7.2.4.2　旋转变压器

旋转变压器(Rotary Transformer)简称旋变,是一种电磁式传感器,用来测量旋转物体转轴的角位移或角速度。它由定子和转子组成,其结构及原理示意图如图7.5所示。旋转变压器的定子和转子上都装有 4 个绕组,以两个绕组为一组,分为两组。定子中只用绕组 D_1、D_2 串联的一组,另一组被短路不用。转子中绕组 Z_1、Z_3 串联成一组,Z_2、Z_4 串联成另一组。这两组绕组安装的几何位置相差 90°,也就是相互垂直。在旋变中,定子绕组作为变压器的初级绕组,接受激磁电压(比如:50 Hz、110 V);转子绕组则为次级绕组,通过电磁耦合得到感应电压。

由图 7.5 可见,在定子绕组接头 1 和 2 之间,施加激磁电压 u_0,$u_0 = U_m \sin\omega t$。在转子绕组接头 3、4 之间将有感应电压 u_s;接头 6、5 之间将有感应电压 u_c。当转子绕组 Z_1、Z_3 的轴线与定子激磁绕组 D_1、D_2 的轴线的夹角为 θ 时,该转子绕组中的感应电压、即 u_c 为:

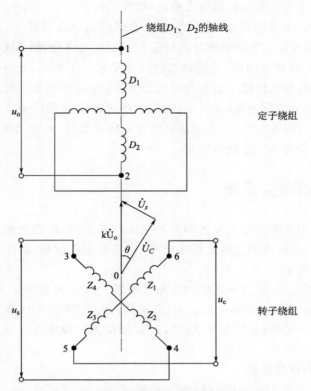

图 7.5　旋转变压器结构及原理示意图

$$u_c = ku_0\cos\theta = kU_m\sin\omega t \cdot \cos\theta = U_{cm}\cos\theta \tag{7.1}$$

与其几何位置相差 90°的转子绕组 Z_2、Z_4 中的感应电压、即 u_s 为：

$$u_s = ku_0\sin\theta = kU_m\sin\omega t \cdot \sin\theta = U_{sm}\sin\theta \tag{7.2}$$

式中，k 为变压比；$U_{cm} = U_{sm} = kU_m\sin\omega t = ku_0$

　　由于旋变的转子是与天线主轴同步转动的，作为方位角测量元件的方位角旋变的转子与天线方位转轴同步转动；作为俯仰角测量元件的俯仰角旋变的转子与天线的俯仰转轴同步转动。这样，旋变中两组转子绕组的感应电压与上述夹角 θ 始终保持着固定的数值关系，通过夹角 θ 可以唯一地确定天线的角位置。这两个感应电压 u_c 和 u_s，作为天线角位置信号，与激磁电压 u_0 一起送至轴角变换器。

7.2.4.3　码盘

　　码盘（Encoding disk）是一种测量转轴转角位移的角度数字编码器。绝对式光电角度数字编码器能通过光电转换，直接将转轴上的机械几何位移量转换成当前角位置相对应的数字码。它不仅作为方位角和俯仰角的测量元件，而且兼备轴角变换器的功能。这是码盘与同步发送机、旋转变压器在功能上的不同点。

绝对式光电角度数字编码器由光栅盘(物理结构意义上的码盘)和光电检测装置组成。光栅盘由光学玻璃制成,在一定直径的圆形光学玻璃板上,刻有许多同心码道,每个码道上都有按二进制规律排列的透光和不透光部分、即亮区和暗区。光栅盘与被测转轴同轴,转轴旋转时,光栅盘与之同速旋转。工作时,光电检测装置中的发光二极管将光投射到随转轴一起旋转的光栅盘上,透过亮区的光经过狭缝后由光敏元件接受,光敏元件的排列与码道一一对应。亮区的光敏元件输出信号为"1";暗区的光敏元件输出信号为"0"。当光栅盘旋转在不同位置时,光敏元件输出信号的组合就是表示转轴角位移的二进制数字量。

7.2.5　轴角变换器

轴角变换器用来将方位角和俯仰角测量元件产生的、代表天线方位角和俯仰角位置的模拟信号,变换成为二进制数字信号,送至伺服控制板,以及通过监控分系统送至信号处理分系统。

在天气雷达伺服分系统中采用的轴角变换器大致有 S/D(Synchro/Digital)变换器和 R/D(Rotary Transformer/Digital)变换器两种。其中 S/D 变换器对应的角度测量元件是同步发送机(自整角发送机);R/D 变换器对应的角度测量元件是旋转变压器。

7.2.5.1　R/D 变换器

R/D 变换器的原理示意框图如图 7.6 所示。它包括高速 sin/cos 乘法器、误差放大器、相敏检波器、积分器、压控振荡器、加/减计数器、输出缓冲器以及误差检测器等部分。

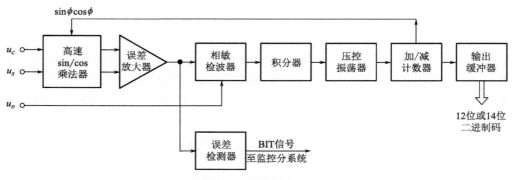

图 7.6　R/D 变换器的原理示意框图

旋转变换器两组转子绕组的感应电压 u_c 和 u_s,同时加到高速 sin/cos 乘法器,其中

$$u_c = kU_m \sin\omega t \cdot \cos\theta$$
$$u_s = kU_m \sin\omega t \cdot \sin\theta$$

与此同时,变换器中的加/减计数器送来带有数字角 ϕ 的正、余弦计数信号 $\sin\phi$ 和 $\cos\phi$。在乘法器中 u_c 与 $\sin\phi$ 相乘,u_s 与 $\cos\phi$ 相乘,分别得到

$$u'_c = k'U_m \sin\omega t \cdot \cos\theta \cdot \sin\phi$$
$$u'_s = k'U_m \sin\omega t \cdot \sin\theta \cdot \cos\phi$$

乘法器输出的两信号 u'_s 和 u'_c,在误差放大器中相减,即

$$u'_s - u'_c = k'U_m \sin\omega t (\sin\theta \cdot \cos\phi - \cos\theta \cdot \sin\phi) = k'U_m \sin\omega t \cdot \sin(\theta - \phi)$$

这就是误差放大器的输出电压 u_ε。u_ε 与旋变的激磁电压 u_0 经相敏检波器处理后、输出直流误差电压,再经积分器进一步平滑处理后加到压控振荡器,用以控制压控振荡器加到加/减计数器去的控制信号的频率,从而控制了加/减计数器输出的计数信号中的数字角 ϕ 的值。这个过程实际上是电路中的相敏检波器、积分器、压控振荡器和加/减计数器组成了一个闭合环路,不断地使 $\sin(\theta - \phi)$ 趋近于零。当这一过程完成时,加/减计数器的字状态 ϕ 在变换器的额定精度范围内就等于旋变中的夹角 θ。当天线转动,θ 变了,电路中又继续上述过程,追踪变化后的夹角 θ,每完成一次过程,便从输出缓冲器输出一组表示方位角或俯仰角位置的多位(一般为 12 位或 14 位)二进制码送伺服控制板,并通过监控分系统送至信号处理分系统。

图 7.6 中的误差检测器,在工作时连续检测误差电压,发现信号出错就输出一低电平的 BIT 信号,表示变换器中存在不允许的误差,因而此时的数据无效。

7.2.5.2 S/D 变换器

S/D 变换器中同步机的轴角编码通常有两种方法,一种是同步机和斯科特(Scott)变压器构成的两相编码法;另一种是同步机三相编码法。

(1)采用两相编码法的 S/D 变换器

这种 S/D 变换器中采用一种微型斯科特变压器。这是一种能将三相电变成两个相位差 90°的单相电的特种变压器,其原理示意图如图 7.7 所示。由图可见,斯科特变压器的初级有上、下两个绕组,其中上绕组称为底绕组,下绕组称为高绕组。底绕组和高绕组的匝数比为 $1:\sqrt{3}/2$。底绕组的两端连接变压器的 1、3 两个输入端口,高绕组的一端连接变压器的输入端口 2,另一端与底绕组的中心点相接。斯科特变压器的次级是匝数相同的两个单相绕组,在空间结构上分别与初级绕组相对应。

在实际应用中,将同步发送机三相定子绕组的感应电压 u_{D1}、u_{D2}、u_{D3} 分别加到微型斯科特变压器初级绕组的 3 个输入端口,于是变压器次级两个单相绕组便会输出两个相位差 90°的感应电压 u_c 和 u_s,它们的表达式分别为

$$u_c = U_{cm} \sin\omega t \cdot \sin\theta;$$
$$u_s = U_{sm} \sin\omega t \cdot \cos\theta。$$

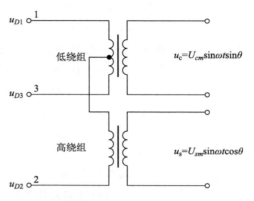

图 7.7　斯科特(Scott)变压器的原理示意图

式中 ω 为激励电压的角频率。

以上讨论表明:采用了微型斯科特变压器,便将同步发送机三相定子绕组感应电压变换成类似于旋转变压器两相转子绕组的感应电压。其后续电路完全可以采用图7.6所示的 R/D 变换器电路来完成轴角变换功能。

(2)采用三相编码法的 S/D 变换器

同步发送机转子的轴与天线方位或俯仰转轴同步旋转。转子单相绕组两端施加激励电压 u_0, $u_0 = U_m \sin\omega t$. 式中 ω 为激励电压的角频率,U_m 为激励电压的最大幅值。定子的三相绕组在空间几何位置上互差 120°,假定转子绕组与各定子绕组的匝数比为1:1,那么根据转子轴相对于定子的转动角度 θ 而产生的三相感应电压分别为:

$$u_{D1} = u_o \sin\theta = U_m \sin\omega t \sin\theta$$

$$u_{D2} = u_o \sin(\theta - 120°) = U_m \sin\omega t \cdot \sin(\theta - 120°)$$

$$u_{D3} = u_o \sin(\theta - 240°) = U_m \sin\omega t \cdot \sin(\theta - 240°)$$

不难看出,如果取三相感应电压的峰值、即 $\sin\omega t = 1$ 时,则三相感应电压与天线方位或俯仰转轴的转角 θ 之间的函数关系为:

$$\begin{cases} u_{D1} = U_m \sin\theta \\ u_{D2} = U_m \sin(\theta - 120°) \\ u_{D3} = U_m \sin(\theta - 240°) \end{cases} \tag{7.3}$$

根据式(7.3)可以描绘出同步发送机三相定子绕组感应电压与转角 θ 的关系曲线如图 7.8 所示。由图可见,u_{D1}、u_{D2} 和 u_{D3} 分开单独一个一个来说,与转角 θ 都不是单值函数关系,因为它们中的每一个,在瞬时值相同的不同时刻,相应的 θ 值不是唯一的。然而,u_{D1}、u_{D2}、u_{D3} 三者一起,在同一时刻的瞬时值的组合,却可以确定唯一的 θ 值,或者说,三者的组合值 u_D(指 u_{D1}、u_{D2}、u_{D3} 的单值组合)是 θ 值的单值函数,即

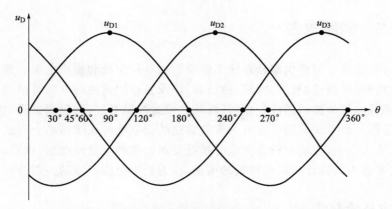

图 7.8 同步发送机三相定子绕组感应电压与转角 θ 的关系曲线

$u_D = f(\theta)$。 因此，θ 在 0°～360°范围内，单值的 u_{D1}、u_{D2}、u_{D3} 对应于一个确定的 θ 值。

作为 S/D 变换器，最后要输出的是代表天线方位角或俯仰角位置即转角 θ 的二进制数码，也就是要对转角 θ 值进行编码。当 $u_D = f(\theta)$ 为已知时，对转角 θ 进行编码可以通过对电压 u_D 进行编码来实现，即将电压 u_D 转换为与其成比例的二进制数字量 D，然后通过微处理机，将函数 $u_D = f(\theta)$ 事先存到存储器中，将电压 u_D 的数码 D 作为存储器的地址码，数字量 θ 作为该地址的内容，通过"查表法"得到转角 θ 的二进制数码。

目前有的天气雷达伺服分系统中采用根据同步机三相轴角编码方法制成的专用角码转换芯片，如 12ZSZ755 和 12ZSZ759 等，应用于 S/D 变换器中，输入同步发送机定子绕组三相模拟电压 u_{D1}、u_{D2}、u_{D3}（即 u_D）以及转子激励电压，输出方位角或俯仰角 θ 的 12 位二进制数码。

7.2.6 本控显示板

本控显示板有两项功能：一是用来对天线的工作状态进行手动本地控制；二是实时显示当前天线方位角和俯仰角的角度值。第二项功能由设置在本控显示板面板上的若干个数码管来完成。面板上同时还设置若干个薄膜按键，用来发出控制雷达天线作方位角和仰角点动、停转，以及做各种方式扫描运动的指令。

本控显示板在电路上与伺服控制板相连接，其显示的信号来自伺服控制板；送出的控制指令都通过伺服控制板处理后送监控分系统执行。

本控显示板的面板通常也是伺服分机的面板，置于雷达工作室内综合机柜的上层，以便于雷达操作人员工作使用。

7.2.7 伺服电源

伺服分系统的电源提供本分系统工作所需的各种交流和直流电源。通常由电源变压器,接触器,保险丝,整流,滤波,稳压器,以及各种用途的继电器等组成。所有器件安装于伺服电源分机或插件板中,其面板上设置控制开关,测量测试孔,指示灯等,便于雷达操作人员工作使用。也有的天气雷达的伺服电源采用市场上现成的通用型综合电源,输入市电,能输出符合伺服分系统要求的各种交直流电压、电流,这是属于外购件,通常会为其设计一块插件板的面板,作为伺服分机面板的一部分。

7.3 结构配置

伺服分系统的所有硬件设备,在安置方式上分为两部分,其中驱动电机和轴角测量元件是要与雷达天线在机械上相联系的,它们被安装在室外楼顶上的天线座中。轴角变换器、驱动器、伺服控制板、本控显示板和伺服电源,安置在雷达工作室内的标准机柜中。有的天气雷达专门用一个标准机柜安置上述硬件设备,这个机柜就称为伺服机柜。也有的天气雷达将伺服分系统的上述硬件设备与别的分系统的某些硬件设备一起安置在同一个标准机柜中,这个标准机柜就称为综合机柜。例如,某型雷达综合机柜设备布局示意图如图 7.9 所示。该雷达将轴角变换器的元器件装在伺服控制板的底板上,成为该板的一个组成部分。综合机柜的上部安装伺服分机,在分机机架内安装了伺服控制板,本控显示板,伺服电源以及方位和俯仰驱动器。伺服分机的面板自左至右依次为伺服电源、伺服控制和本控显示面板。

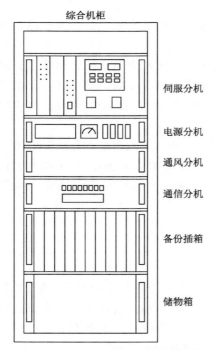

综合机柜

伺服分机

电源分机

通风分机

通信分机

备份插箱

储物箱

图 7.9 某型雷达综合机柜设备布局示意图

第8章 数据处理与显示分系统

数据处理与显示分系统,在雷达系统中按信号流程的先后次序排列,它处于雷达的终端,所以也称为终端分系统。它是雷达系统中直接面向用户与之交互的窗口。

8.1 功能

数据处理与显示分系统的功能,是处理雷达气象目标所得到的数据,生成各种气象产品,以及显示气象产品的图像和反映雷达工作状态的信息从而对雷达进行控制和监视。

它首先将信号处理分系统送出的、雷达探测的气象目标的基数据如目标强度的估测值、即反射率因子 Z,散射粒子群的平均径向速度 V 和速度谱宽 W,以及其他偏振量信息,如线性退极化比 LDR 等数据,进行采集、加工,用特定的气象算法,对数据进行处理,从而生成各种与气象有关的数据和图像产品。多普勒天气雷达的产品一般分为四大类,即基本数据产品、物理量产品、自动识别产品和风场反演产品。最终将这些产品的图像在本分系统的终端显示器上显示,同时还显示反映雷达工作状态的各种信息,供预报人员观察分析。

现代天气雷达的终端显示器都采用计算机的显示屏,凡是数据处理与显示分系统中配置的计算机(通常是微机),它们的显示器都属于终端显示器。

8.2 组成

数据处理与显示分系统由硬件和软件组成。

8.2.1 硬件组成

数据处理与显示分系统作为雷达的终端就其显示功能而言,通常有实时显示和遥控显示两套终端。其中实时显示终端的计算机称为前台计算机或监控微机、监控终端;遥控显示终端的计算机称为后台计算机或主微机、数据终端。

前台计算机(监控微机)的配置通常包括:CPU、内存(SDRAM),显示适配器,高分辨率显示器,硬盘,驱动器,键盘、鼠标,网络适配器,数据采集接口板和操作系统。

后台计算机(主微机)的配置与此基本相同,区别点在于不配数据采集接口板,而内存的容量更大些,许多固定站配了 3 台显示器。

8.2.2　软件组成

前台计算机(监控微机)的软件包括前台实时处理程序和数据采集、菜单处理、网络连接等模块。其中实时处理程序是计算机中运行的核心程序,它完成了雷达控制,数据采集和传输,人机交互等主要功能。前台计算机(监控微机)主要负责与监测和控制有关的工作,以及由它通过网络直接与监控分系统交互,并通过监控分系统实现与信号处理分系统的联系。

后台计算机(主微机)的软件与上述基本相同,区别在于:一是它通过网络接收来自前台计算机(监控微机)的数据,应用预存的特定的气象算法,对数据加工,生成各种气象产品;二是它发送的如开、关机,天线转、定等各种控制指令,以及对雷达参数的设置指令等,都是通过网络传送到前台计算机(监控微机)的实时处理程序,由它来执行,从而间接实现后台计算机(主微机)对雷达的控制。

8.3　结构配置

天气雷达有固定式和机动式两种结构配置方式。当前在用天气雷达的绝大多数是参与组网的固定式天气雷达,也有一定数量的车载机动式天气雷达。这两种雷达的数据处理与显示分系统的硬件结构配置有所不同。在固定式中数据处理与显示分系统的前台计算机(监控微机)与雷达主机一起安置在雷达主机室内的机柜中。后台计算机(主微机)则被安置在预报工作室(或雷达终端室)中。在有的机动式中数据处理与显示分系统只设置一台实时显示终端计算机,然而其软件功能却包含固定式中前、后台计算机(监控、主微机)的全部功能。终端计算机与雷达主机都安置在载车上的工作舱(操作舱)内。此外,再采用一台笔记本计算机作为遥控显示终端,远离雷达,供预报人员使用,其软件功能与实时显示终端完全相同,利用网络与雷达主机联系。还有的机动式中的数据处理与显示分系统中只设置后台计算机(主微机),但是将监控分系统的监控微机与其一起和雷达主机都安置在载车上的工作舱(操作舱)内。此外,再采用一套专用的,利用计算机无线网络的气象资料传输设备,将各种气象产品和有关图文资料传送至预报工作室,供预报人员观察、分析。

第 9 章　电源分系统

9.1　功能

　　电源分系统也称配电分系统,它负责向雷达各分系统提供所需的交、直流电源。现代天气雷达的电源分系统对雷达各分系统实行分散配置的供电方式。有的雷达的电源分系统首先将市电电网或电源站提供的三相或单相交流电输入到相应的交流稳压电源,然后将其输出的稳定的三相 380 V 或单相 220 V 50 Hz 电源分送至各分系统的电源分机,由各分系统的电源分机向本分系统电路中的部件、元器件提供各自所需的、各种不同规格的交流或直流电。也有的雷达的电源分系统,将未经稳压的电源直接分送至各分系统的电源分机,由后者自行采取稳压措施。

　　电源分系统通常具有对输入雷达的电源进行监测、能本控或遥控供电、能实现过载保护等功能。

9.2　组成

　　在分散配置的供电方式下,电源分系统为了能完成规定的功能,其基本组成示意框图如图 9.1 所示。来自市电电网或电源站的交流电,通过总电源开关,加到本控/遥控转换装置。该装置由开关、指示灯、继电器、接触器等器件组成。按下"本控"开关时,"本控"指示灯亮,表明配电处于本控状态,通过继电器、接触器等的工作,将交流电直接送往控制保护装置。按下"遥控"开关时,"遥控"指示灯亮,表明配电处于"遥控"状态,此时由雷达的监控分系统遥控雷达电源的通断。转换装置根据监控分系统送来的"电源通"或"电源断"信号,通过继电器、接触器的工作,送出或切断去控制装置的交流电。"本控"一般在雷达检查、调整、维修时使用;"遥控"则在雷达正常工作时使用。

图 9.1　电源分系统的基本组成示意框图

电源分系统中的控制保护装置包括由开关、继电器、保险丝、指示灯、电表等元器件组成的控制保护电路,以及交流稳压电源、不间断电源(UPS)等功能部件。经本控/遥控转换装置送来的交流电,首先经交流稳压电源稳压,得到能保证雷达设备用电安全的交流电源。用电表指示其电压值,对于三相交流电,则用 3 个电压表分别指示三相电压值。稳压后的交流电通过各分系统电源开关,各自经过根据本分系统用电要求规定设置的保险丝(熔断器),将各分系统所需交流电分别送达。不间断电源(UPS)专门用于使用电子计算机的分系统,如信号处理、数据处理与显示分系统,以防突然停电时丢失储存的数据,影响工作。

9.3 结构配置

电源分系统中除了交流稳压电源、不间断电源(UPS)等独立的功能部件之外,其余所有设备都配置在配电箱内。配电箱内的控制板底板上安装了所用的各种继电器、接触器等器件。各种开关、指示灯、电表的指示表头,也有的雷达将各路保险丝都安置在配电箱的面板上,以便于操作和监控。

第 10 章　天气雷达的
总体结构配置

天气雷达有固定式和机动式两种结构配置方式,固定式天气雷达和机动式天气雷达对所有设备在结构配置上有明显的区别。

10.1　固定式

固定式天气雷达是将全系统所有设备安置在作为永久性建筑物的办公楼内。其中天线馈线分系统中天线部分的辐射器、反射体和天线罩,以及伺服分系统的方位、俯仰驱动电机等部件,安置在楼顶上专门浇灌的钢筋混凝土安装平台上的天线座上。或者安装在专用塔上的天线座上。其他各分系统的设备则安置在楼内最高层的雷达主机室内。通常采用多个标准机柜,分别安置各个不同分系统的设备,各机柜按分系统命名,如发射机柜、接收机柜、伺服机柜、监控机柜等。一个机柜中如果安置了几个不同分系统的设备,就称之为综合机柜。不同型号的天气雷达根据各自设备配置的情况确定机柜的数量,通常不超过 5 个。数据处理与显示分系统中的后台计算机(主微机),安置在预报工作室内。电源站则安置在办公楼附近的地面上,用电缆将交流电接到雷达主机室内的配电箱,向雷达供电。

图 10.1 为某型固定式天气雷达的结构配置示意图。图中雷达主机室中的高频机柜也称发射机柜 I,里面主要安置了发射分系统的关键部件速调管及其附属电路的设备,以及脉冲变压器、人工线等设备。图中的调制机柜也称发射机柜 II,主要安置了发射分系统的触发器、调制器的设备以及高功率电源分机、发射监控分机等。图中雷达主机室中的前台计算机就是数据处理与显示分系统、即终端分系统的监控微机,或者称之为实时终端微机;图中预报工作室中的后台计算机,也就是终端分系统的主微机,或者称之为遥控终端微机。

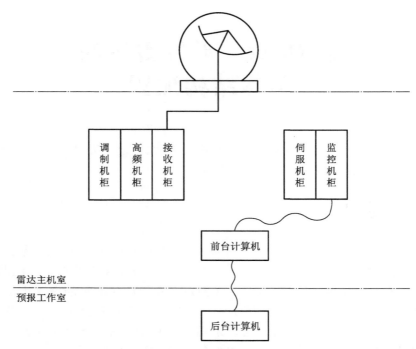

图 10.1　某型固定式天气雷达的结构配置示意图

10.2　机动式

　　机动式天气雷达与固定式天气雷达的区别就在于前者是将雷达全系统所有设备都装载在载车上,雷达系统与载车融为一体,于是它具备了机动性能。

　　机动式天气雷达由装载平台,雷达设备和配套设备三大部分组成。

　　装载平台是指载车及其附属设备,包括载车底盘,方舱,天线升降机构和调平腿(支撑腿)即"千斤顶"等。雷达设备是指天气雷达各分系统的所有设备。配套设备是指通信设备,电子罗盘或经纬仪,自动寻北仪,空调设备等。

　　图 10.2 为某型机动式测云雷达结构配置状态示意图。其中图 10.2a 为运输状态,图 10.2b 为工作状态。由图 10.2a 可见,该雷达装载平台上的方舱、以车头方向为准,分为前、后两舱,中间隔断不相通,但设一窗户。前舱称为天线舱,主要安置天线座。该雷达的天线馈线分系统和发射分系统的所有分机、部件,接收分系统中的前端,监控分系统的收发监控板,伺服分系统的方位、俯仰驱动电机、旋转变压器以及传动机构都安置在天线座上处于天线舱内。由图 10.2b 可见,装载平台的天线升降机构和托架,以及配套设备中的自动寻北仪也置于天线舱内。后舱称为操作舱(工作

舱),该雷达的信号处理分系统、终端分系统、电源分系统的所有部件,接收分系统的数字中频接收分机,监控分系统的监控微机以及网络交换机等都安置在操作舱内。

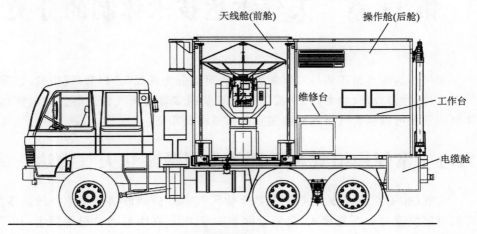

(a) 运输状态

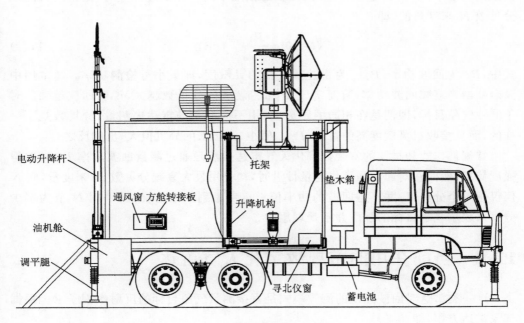

(b) 工作状态

图 10.2　某型机动式测云雷达结构配置状态示意图

第 11 章　天气雷达技术体制的分类

天气雷达按其采用的技术体制的不同,可以分为常规(非相参)模拟式、数字化天气雷达,脉冲多普勒(相参)天气雷达以及双偏振多普勒天气雷达等。天气雷达技术体制的发展可以从天气雷达回波信息的拓展得到印证。

11.1　常规模拟式和早期的常规数字化天气雷达

常规(非相参)模拟式和早期的数字化天气雷达的回波信息是单一的强度信息。它们对回波强度的测量模式,是测量回波功率 P_r。在终端的 P 显示器上,P_r 不同,回波的亮度不同;在 A 显示器上,则回波的幅度不同。在定量计量时,是用最大衰减分贝数 N 来度量的,即

$$N = 10 \lg \frac{P_r}{P_{smin}} \quad (\text{dB}) \tag{11.1}$$

式中,P_r 为回波功率;P_{smin} 为雷达接收机的灵敏度,即最小可检测功率。通常用中频衰减器来衰减回波功率,直至等于 P_{smin}。衰减的分贝数越大,说明回波越强。对于同一气象目标,即便是在相同的距离上,用不同波长的雷达去测量,分贝数是不一样的,而且接收机灵敏度高的雷达,P_{smin} 值小,测出来的分贝值大,反则反之。

常规模拟式和早期的常规数字化天气雷达虽然是通过测量回波功率 P_r 来取得强度信息,然而在对回波强度作定量计量时,却是用最大衰减分贝数 N 来度量,而 N 仅仅是一个分贝值,并不是回波的功率值。再考虑到上述情况,所以用 N 值为多少分贝来表示气象目标的强度并不是理想的。

11.2　当前在用的常规数字化天气雷达

这一类雷达对回波强度的测量模式是直接测量气象目标的反射率因子 Z。根据气象雷达方程,即

$$
\begin{aligned}
P_r &= \frac{\pi^3}{1024 l_n 2} \cdot \frac{P_t h G^2 \theta \varphi}{\lambda^2 L_\varepsilon} \cdot \left| \frac{m^2 - 1}{m^2 + 2} \right| \cdot \frac{Z}{R^2} \\
&= C \cdot \frac{Z}{R^2}.
\end{aligned}
\tag{11.2}
$$

将式(11.2)移项后得
$$Z = \frac{1}{C} \cdot P_r \cdot R^2 \tag{11.3}$$

式中,C 为雷达常数,P_r 为回波功率,R 为目标与雷达之间的距离,Z 为气象目标的反射率因子。

反射率因子 Z 的定义为:云、雨等气象目标单位体积中降水粒子直径六次方的总和,即

$$Z = \sum_{单位体积} D_i^6 \quad (\text{mm}^6/\text{mm}^3) \tag{11.4}$$

式中,D_i 为降水粒子的直径,单位 mm。

反射率因子 Z 值的大小反映了云、雨等气象目标内部降水粒子的尺度和数密度,这决定了气象目标对电磁波后向散射能量大小的程度,这也正是回波强度物理意义本质之所在。

Z 值本身与雷达参数及目标与雷达之间的距离无关。用 Z 值来度量气象目标的强度是比较理想和符合客观实际的。这样,技术参数不同的天气雷达所测得的 Z 值可以相互比较,这对于天气雷达组网探测是非常重要的。

由于反射率因子 Z 的数值范围很大,甚至可以跨越几个数量级。在天气雷达的实际业务工作中,为了方便起见,以 Z 的对数值、也就是以分贝来表示反射率因子的大小,记作 dBZ,用 dBZ 来度量目标的强度。近代数字化天气雷达,都可以在终端分系统的计算机显示器屏面上显示出回波区的 dBZ 值分布状况。反射率因子 Z 的单位是 mm^6/m^3,现在要用它的对数值 dB 来表示,为了对物理量的量纲作归一化处理,取 $Z_0 = 1\ \text{mm}^6/\text{m}^3$ 作为标准值,因此有

$$\text{dBZ} = 10\lg \frac{Z}{Z_0} = 10\lg \frac{Z_{\text{mm}^6/\text{m}^3}}{1_{\text{mm}^6/\text{m}^3}} \tag{11.5}$$

将式(11.5)中的 Z,以式(11.3)代入,可得

$$\text{dBZ} = 10\lg \left(\frac{P_r \cdot R^2}{C} \right) = 10\lg P_r + 20\lg R^2 - 10\lg C \tag{11.6}$$

在现代天气雷达的信号处理分系统中,应用数字、计算机技术,以软、硬件结合的方式,在雷达探测时,根据式(11.6)便能直接给出 dBZ 值。

11.3　脉冲多普勒天气雷达

脉冲多普勒天气雷达,都是数字化的天气雷达,它的回波信息,除了强度信息反射率因子之外,还以多普勒效应为基础,取得回波的相位信息,通过测定接收信号与发射信号高频频率(相位)之间存在的差异,得出雷达电磁波束有效照射体积内降水粒子群相对于雷达的平均径向运动速度 V 和速度谱宽 W,在一定条件下可反演出天

气风场、气流垂直速度的分布，以及湍流状况等，从而使脉冲多普勒天气雷达成为分析中小尺度天气系统、警戒强对流危险天气、制作短时天气预报的强有力的工具。

脉冲多普勒天气雷达有全相参和中频相参两种体制。

11.3.1　全相参脉冲多普勒天气雷达

11.3.1.1　基本工作原理

全相参脉冲多普勒天气雷达的简化原理框图如图 11.1 所示。该图重点反映信号之间的频率关系，借以表明全系统信号的相参性。这种雷达的发射分系统采用放大链式，末级电路为功率放大器，通常采用大功率直射式多腔速调管。图中的石英晶体振荡器、上变频器、n 分频、N 倍频和 M 倍频一起构成了频率源。石英晶振产生频率源的基准信号，其频率稳定度非常高、频谱纯度非常纯。基准信号经倍频、分频、变频等处理后，向有关分系统提供它们所需的各种高频率稳定度和高纯频谱的信号。这些信号，例如：发射脉冲信号与连续振荡的本振信号，在时间上相互之间都具有严格的相位同步关系，它们是相参的，这才得以保证雷达系统的全相参特性。

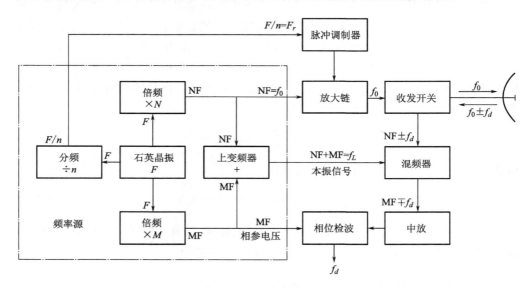

图 11.1　全相参脉冲多普勒天气雷达的简化原理框图

11.3.1.2　组成与概略工作过程

全相参脉冲多普勒天气雷达的组成示意图见图 1.2。下面依据该图，以某型现役雷达为例，阐述其概略工作过程。

接收分系统中的频率源输出激励信号，送至发射分系统，经其功放分机作前置放大,将激励信号的功率放大后,送至速调管功率放大器。软性开关固态调制器向速调管提供阴极调制脉冲,从而控制雷达发射脉冲的宽度和重复频率。速调管功率放大器输出额定峰值功率的发射脉冲能量,经过天线馈线分系统的馈线部分到达天线,向空间定向辐射。天线定向辐射的电磁波能量遇到云、雨等降水目标时,便会发生散射,其中后向散射中的一小部分形成气象目标的射频回波信号被天线接收。

天线接收到的已受气象目标作幅度和多普勒频率调制的射频回波信号,经过馈线部分,被送往接收分系统,经过射频放大和混频后成为模拟中频回波信号,经前置中放放大后由数字中频转换器进行 A/D 变换后成为数字中频回波信号送往采用 RVP8 的信号处理分系统,在数字域内处理形成 I、Q 正交信号。由此可见,该雷达采用了数字中频接收机技术,前期的多普勒雷达是对模拟中频信号进行两路相位检波形成模拟正交 I、Q 信号,然后再经过两路 A/D 变换器,将模拟 I、Q 信号变换成数字信号。这种传统的模拟正交 I、Q 通道中,由于中频移相器精度欠高,相位检波器两路不平衡,以及模拟电路参数随温度变化等因素带来的误差,使得 I、Q 信号之间的相位正交性和幅度一致性较差,从而加大了系统的相位噪声。采用了数字中频技术后,直接将中频信号进行 A/D 转换,对数字中频信号采样,I、Q 正交信号在数字域形成。这样 I、Q 信号之间的相位正交性和幅度一致性,可以提高一个数量级以上,有效地降低了系统的相位噪声。此外,接收机取消了带通滤波器、线性中放、对数中放和视放等窄带高增益模拟电路,增大了整机工作的动态范围,也提高了整机的稳定性和可靠性。

信号处理分系统对来自接收分系统的数字中频回波信号,在数字域内处理形成 I、Q 正交信号后,对其作平均处理,地物对消滤波处理,得到反射率因子的估测值即强度 Z;通过脉冲对处理(PPP)或快速傅里叶变换(FFT)处理,从而得到散射粒子群的平均径向速度 V 和速度的平均起伏即速度谱宽 W。上述强度 Z、速度 V 和谱宽 W 数据称为基数据,用专用网线传送至监控分系统,再通过监控分系统传送到数据处理与显示分系统做进一步的处理和显示。信号处理分系统还通过伺服分系统采集方位、俯仰同步机定子三相电压和转子的单相电压,采用 S/D 变换器,用以产生与天线实际方位角、仰角相对应的数字角码信号,除了自用之外,专门送给监控分系统用于显示,并供程序控制使用。

监控分系统负责对雷达全机工作状态的监测和控制。它自动检测、搜集雷达各分系统的故障信息,通过网络传送到监控分系统,由终端分系统发出的对其他各分系统的操作控制指令和工作参数设置指令,经网络传送到监控分系统,由监控分系统处理后,转发至各相应的分系统,完成相应的操作和参数设置。雷达操作人员在终端显示器上能实时监视雷达工作状态、工作参数和故障情况。监控分系统还接收来自信号处理分系统的、与雷达天线实际方位角、仰角相对应的数字角码信号,予以实时显示。

伺服分系统直接接收来自监控分系统的控制指令,由其计算处理后输出电机驱动信号,完成天线的方位和俯仰扫描控制。同时,将本分系统的故障信息送给监控分系统。它还将方位、俯仰同步机的电压数据传送给信号处理分系统供其采集。

数据处理与显示分系统即终端分系统中实时显示终端的前台计算机,接收来自信号处理分系统的强度、速度和谱宽基数据,将这些基数据经过处理后在显示器上显示,同时,通过网络传送到遥控显示终端的后台计算机。后台计算机的三个显示器分别显示强度、速度和谱宽图像,同时,作为资料存档。它还将基数据根据需要,形成产品的算法,经过处理、变换、计算等步骤,生成所需的数据和图像产品,在显示器上显示,并可通过通信网络将数据和图像产品传送给其他用户。后台计算机发出的雷达控制指令以及对信号处理分系统的控制信号,先通过网络传送至前台计算机,由前台计算机再通过网络下达给监控分系统,后者则将雷达状态和故障信息传送给前台计算机。

电源分系统采取分散配置的供电方式,向全机各主要分系统的电源分机提供非稳压电源。

11.3.2 中频相参脉冲多普勒天气雷达

中频相参脉冲多普勒天气雷达有中频锁相相参和中频初相补偿相参两种工作模式。

11.3.2.1 中频锁相相参脉冲多普勒天气雷达

(1)基本工作原理

中频锁相相参脉冲多普勒天气雷达的简化原理框图如图 11.2 所示。发射分系统采用单级振荡式发射机,通常以同轴磁控管作为振荡源。在雷达的每一个重复周期,取发射脉冲的主波样本,在锁相混频器中与本振信号混频后成为中频锁相脉冲,去锁定中频相参振荡器信号的初相,形成发射脉冲的中频代表,即中频相参电压,该电压与中频回波脉冲电压,通过相位检波器,在中频频域比相,检测多普勒频率。

(2)组成与概略工作过程

中频锁相相参脉冲多普勒天气雷达的组成示意图如图 11.3 所示。由图可见,该雷达由天线馈线分系统、发射分系统、接收分系统、信号处理分系统、伺服分系统、监控分系统、终端分系统和电源分系统 8 个部分组成。

发射分系统在信号处理分系统送来的发射触发脉冲的触发下,主要由人工线和闸流管组成的软性开关调制器,将产生高压调制脉冲,加到同轴脉冲磁控管的阴极,使磁控管振荡器工作、产生雷达射频发射脉冲。发射脉冲能量经过雷达的馈线部分传输到天线。在这个过程中,为了测量射频发射脉冲的频率、频谱以及其他有关技术

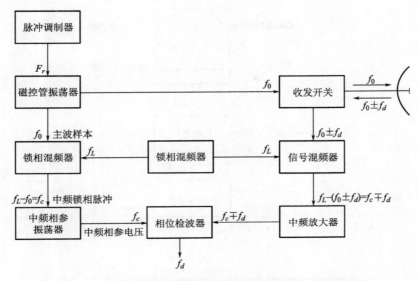

图 11.2　中频锁相相参脉冲多普勒天气雷达的简化原理框图

指标,可以用发射支路定向耦合器,从馈线部分的主波导中耦合出极小一部分射频发射脉冲能量用于测量。传输到天线的发射脉冲能量通过馈源和圆抛物面反射体的作用,向空间定向辐射。天线定向辐射的电磁波能量遇到云、雨等降水目标时,便会发生后向散射,形成气象目标的射频回波信号被天线接收。

　　天线接收到的射频回波信号经过雷达的馈线部分送往接收分系统。在接收分系统中回波信号首先经过射频放大、预选和变频,成为中频回波信号,经前置中频放大后分为两路,一路进入对数通道,最后输出视频回波强度信号(Log)送到信号处理分系统;另一路进入线性通道,经线性中放加到相位检波器。

　　同轴磁控管振荡时产生的射频发射脉冲能量,由 AFC 耦合器取得一小部分,送往接收分系统的 AFC 混频器作为主波样本,经变频后成为中频脉冲信号,其初始相位与发射脉冲相同。它一路送鉴频器产生误差电压和搜索电压,送往发射分系统的同轴磁控管频率微调装置,对发射脉冲频率进行自动调整,以保持稳定的中频;中频脉冲信号的另一路经放大后作为中频定相脉冲,去锁定连续振荡的相参振荡器产生中频基准相参信号送往相位检波器。相位检波器对中频回波信号和中频基准相参信号进行相位检波,输出包含速度和谱宽信息的 I、Q 视频信号至信号处理分系统。

　　信号处理分系统对 Log、I、Q 视频信号进行模数转换,产生 12 位数字信号,对强度数字信号 Log 进行积分处理;对 I、Q 数字信号进行脉冲对处理(PPP),输出平均强度、平均速度和平均谱宽信号以及将伺服分系统通过监控分系统送来的表示雷达天线当前位置酌角码,一起送至终端分系统。

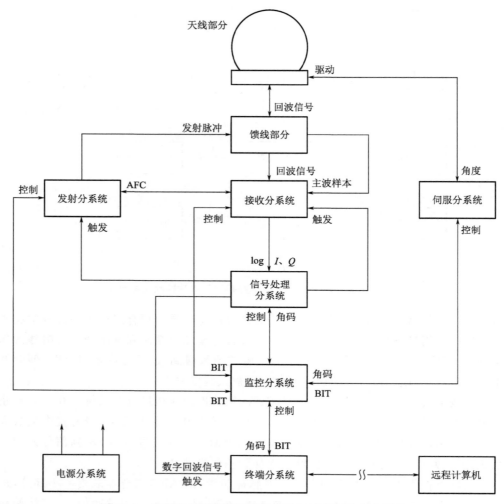

图 11.3　中频锁相相参脉冲多普勒天气雷达的组成示意图

　　信号处理分系统还负责产生发射触发脉冲、接收触发脉冲、相参起始脉冲和相参截止脉冲,用以控制发射和接收分系统协调工作,以满足中频相参体制的要求。

　　终端分系统具有数据和图像处理功能,它对来自信号处理分系统的气象目标回波强度及速度、谱宽信息和天线当前位置信息,进行实时显示或作事后处理后,获得多种图像产品予以显示。它通过通信接口接收监控分系统送来的状态及故障信息,并通过监控分系统向伺服分系统发出天线控制命令和其他操作控制命令。终端分系统可以与远程计算机联网,它是雷达的操作、控制中心。

　　伺服分系统根据终端分系统经监控分系统送来的命令,对天线的运作进行操作控制,实现天线扫描和角度位置设定,以满足探测气象目标的需要。伺服分系统还将表示天线当前位置的角码通过监控分系统送至信号处理分系统。

监控分系统具有较完善的 BIT 功能,它对雷达其他分系统的工作状态进行监测和控制。各分系统的重要工作参数和故障信息汇集到监控分系统,经其判断后,将故障信息送往终端分系统作出故障报警指示。对于某些可能造成严重后果的故障进行保护性处理,如切断电源等。

电源分系统对市电进行交流稳压处理后,分别向各分系统实施配电,提供所需电源,并指示输入、输出电压的变化情况。

11.3.2.2　中频初相补偿相参脉冲多普勒天气雷达

中频初相补偿相参脉冲多普勒天气雷达与中频锁相相参脉冲多普勒天气雷达具有基本一致的系统组成及工作过程,仅在消除发射脉冲随机初影响的方法上有所不同。中频初相补偿相参脉冲多普勒天气雷达的简化原理框图如图 11.4 所示。

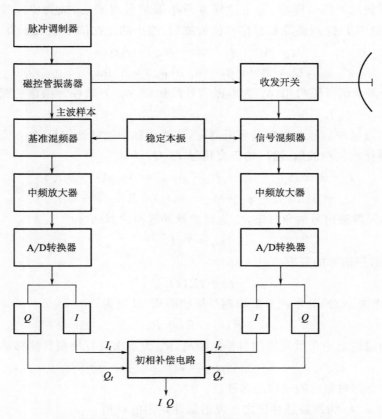

图 11.4　中频初相补偿相参脉冲多普勒天气雷达的简化原理框图

发射分系统也是单级振荡式,采用磁控管作为振荡源;接收分系统采用数字中频技术。在雷达的每一个重复周期,射频发射脉冲信号样本(也称主波样本)在基准混频器中与本振信号混频后成为中频发射脉冲信号,该信号经中频放大后直接进行 A/D 变换,成为数字中频发射脉冲信号,然后进入数字 I、Q 正交通道,在数字域形成代表射频发射脉冲的 I_t、Q_t 正交信号送至数字相位校正电路,也就是初相补偿电路。

在雷达的每一个重复周期,来自气象目标的射频回波脉冲信号,在信号混频器中与本振信号混频后,成为中频回波脉冲信号,然后经过中放、A/D 变换后进入数字 I、Q 正交通道,最终输出代表回波脉冲的 I_r、Q_r 正交信号,送至数字相位校正电路。数字相位校正电路对发射脉冲 I_t、Q_t 正交信号与回波脉冲 I_r、Q_r 正交信号进行处理,在回波数字信号中扣除发射脉冲的随机初相,实现初相补偿。

下面讨论数字相位校正、即初相补偿的原理和方法。

射频发射脉冲信号样本、即主波样本与本振信号混频后,成为中频发射脉冲信号,经正交通道 I、Q 两路鉴相器作相位检波后,输出的正交信号 I_t、Q_t 为:

$$\left.\begin{aligned} I_t &= A\cos(\phi_0 - \phi_L + \phi_m) = A\cos\alpha \\ Q_t &= A\sin(\phi_0 - \phi_L + \phi_m) = A\sin\alpha \end{aligned}\right\} \tag{11.7}$$

式中,ϕ_0 为基准信号源初相,ϕ_L 为本振信号源初相,ϕ_m 为磁控管振荡的随机初相,α 等于 $(\phi_0 - \phi_L + \phi_m)$。

射频回波脉冲信号与本振信号混频后,成为中频回波脉冲信号,经正交通道 I、Q 两路鉴相器作相位检波后,输出的正交信号 I_r、Q_r 为:

$$\left.\begin{aligned} I_r &= B\cos(\phi_0 - \phi_L + \phi_m - \omega_0 t_r) = B\cos(\alpha - \omega_0 t_r) \\ Q_r &= B\sin(\phi_0 - \phi_L + \phi_m - \omega_0 t_r) = B\sin(\alpha - \omega_0 t_r) \end{aligned}\right\} \tag{11.8}$$

式中,ω_0 为发射频信号的角频率,t_r 为回波脉冲返回的时间。

$$\omega_0 = 2\pi f_0$$

式中 f_0 为射频信号的频率。

$$t_r = 2R(t)/C$$

式中,C 为光速,$R(t)$ 为本次重复周期目标的距离,其值为:

$$R(t) = R_0 - R_r$$

式中,R_0 为雷达上一个重复周期目标的距离,R_r 为本次重复周期目标移动的距离。

$$R_r = V_r t$$

式中,V_r 为目标对雷达的径向运动速度。

式(11.8)中,$\omega_0 t_r$ 为回波脉冲比之于发射脉冲延迟的相角。

$$\omega_0 t_r = 2\pi f_0 \cdot \frac{2R(t)}{C}$$

$$=\frac{4\pi}{\lambda}(R_0-V_r t)$$

令 U_t 为中频发射脉冲信号电压，则

$$U_t=\sqrt{I_t^2+Q_t^2}\cdot \mathrm{e}^{j\left(t_g^{-1}\frac{Q_t}{I_t}\right)}$$

根据式（11.7）可得：

$$U_t=\sqrt{A^2\cos^2\alpha+A^2\sin^2\alpha}\cdot \mathrm{e}^{j\left(t_g^{-1}\frac{A\sin\alpha}{A\cos\alpha}\right)}$$
$$=\sqrt{A^2(\cos^2\alpha+\sin^2\alpha)}\cdot \mathrm{e}^{j(t_g^{-1}t_g\alpha)}$$
$$=A\cdot \mathrm{e}^{j\alpha}$$

令 U_r 为中频回波脉冲信号电压，则

$$U_r=\sqrt{I_r^2+Q_r^2}\cdot \mathrm{e}^{j\left(t_g^{-1}\frac{Q_r}{I_r}\right)}$$

根据式（11.8）可得：

$$U_r=\sqrt{B^2\cos^2(\alpha-\omega_0 t_r)+B^2\sin^2(\alpha-\omega_0 t_r)}\cdot \mathrm{e}^{j\left(t_g^{-1}\frac{B\sin(\alpha-\omega_0 t_r)}{B\cos(\alpha-\omega_0 t_r)}\right)}$$
$$=B\cdot \mathrm{e}^{j(\alpha-\omega_0 t_r)}$$

对 U_r 取共轭复数，得

$$U_r^*=B\cdot \mathrm{e}^{-j(\alpha-\omega_0 t_r)}$$

将其与中频发射脉冲信号电压 U_t 相乘

$$U_t\cdot U_r^*=A\cdot \mathrm{e}^{j\alpha}\cdot B\cdot \mathrm{e}^{-j(\alpha-\omega_0 t_r)}$$
$$=AB\cdot \mathrm{e}^{j\alpha}\cdot \mathrm{e}^{-j\alpha}\cdot \mathrm{e}^{j\omega_0 t_r}$$
$$=AB\mathrm{e}^{j\omega_0 t_r}$$
$$=AB(\cos\omega_0 t_r+j\sin\omega_0 t_r)$$

可得

$$I=AB\cos\omega_0 t_r$$
$$Q=AB\sin\omega_0 t_r$$

由上可见，对信号进行复共轭数学处理、物理意义上的相位旋转后，将磁控管振荡的随机初相以及基准信号源、本振信号源的初相抖动都消除了，最终输出用于多普勒信号处理的正交 I、Q 两路信号中，仅仅保留反映目标运动特性的相位信息，从而实现了雷达的中频相参。

在应用脉冲多普勒天气雷达实施大气探测时，有一个颇为引人关注的问题，这就是全相参脉冲多普勒天气雷达会发生距离模糊问题，在其终端显示器屏面上会出现二次回波，而中频相参脉冲多普勒天气雷达却不会发生。所谓二次回波，是指由雷达上一个重复周期的射频发射脉冲所探测到的、在雷达最大探测距离以远的气象目标

所形成的回波。由于全相参雷达在不同重复周期发射的射频发射脉冲,都是相参的,所以只要有回波,不论是二次回波,甚至三次回波,在系统内的处理过程中,其待遇与正常的、时间上处于当前重复周期的一次回波是相同的,只要它们的信号功率大于接收机的灵敏度,就会在显示器上呈现。例如:某全相参雷达的脉冲重复频率 $F_r =600\,\text{Hz}$,最大探测距离为 250 km。那么简略地说,300 km 处的气象目标回波就会在下一个重复周期内 50 km 处、作为二次回波显示出来,给用户一个错误的结果。中频相参雷达却不会发生。下面以中频初相补偿相参脉冲多普勒天气雷达为例,分析其不发生距离模糊的原因。

由于中频初相补偿相参体制相当于将每一重复周期发射脉冲的初相角都补偿至零,对于从同一气象目标在不同重复周期返回的 I、Q 信号来说在相位上是相参的。因此,仍可实现回波信号的相干积累,对于二次回波信号而言,在上一个重复周期它发生时发射脉冲的初相值与本次重复周期发射脉冲的初相值不同,当二次射频回波信号带着上一个重复周期磁控管振荡的初相 ϕ'_m、经过时间 t'_r 返回雷达,与本振信号混频后成为中频回波脉冲信号,经正交通道 I、Q 两路鉴相器作相位检波后,输出的二次回波正交信号 I'_r、Q'_r 为:

$$I'_r = B\cos(\phi_0 - \phi_L + \phi'_m - \omega_0 t') = B\cos(\alpha' - \omega_0 t'_r)$$
$$Q'_r = B\sin(\phi_0 - \phi_L + \phi'_m - \omega_0 t') = B\sin(\alpha' - \omega_0 t'_r)$$

这里不考虑基准信号源和本振信号源的初相变化,因为它们的频率稳定度高。

令二次中频回波脉冲信号电压为 U'_r,则

$$U'_r = B\,\text{e}^{j(\alpha' - \omega_0 t'_r)}$$

U'_r 受到针对本次重复周期发射脉冲初相值的初相补偿或相位旋转,即首先对 U'_r 取共轭复数,得

$$U'^{*}_r = B\,\text{e}^{-j(\alpha' - \omega_0 t'_r)}$$

然后将其与本次重复周期中频发射脉冲信号电压 U_t 相乘

$$U_t \cdot U'^{*}_r = A \cdot \text{e}^{j\alpha} \cdot B \cdot \text{e}^{-j(\alpha' - \omega_0 t'_r)}$$
$$= A \cdot B\text{e}^{j\alpha} \cdot \text{e}^{-j\alpha'} \cdot \text{e}^{j\omega_0 t'}$$

由于二次回波与一次回波不是相参的,上式中 $\text{e}^{j\alpha} \cdot \text{e}^{-j\alpha'}$ 由于 $\alpha \neq \alpha'$,相乘不能为 1,则说明初相补偿不了,或相位旋转不能使初相为零。

综上所述可知,由于中频相参脉冲多普勒体制采用了磁控管,在不同的雷达重复周期,磁控管振荡的初相值是随机的,可以认为磁控管具有本征的随机相位编码功能。加之对回波信号进行复共轭数学处理,将二次回波信号"白化"(whiting)、沦为"白噪声",不能实现相干积累,结果为门限所阻,无输出显示,从而排除距离模糊现象的发生。

在实际应用的中频初相补偿相参脉冲多普勒天气雷达中,初相补偿的功能主要

是由信号处理分系统中设置的数字相位校正模块或称初相补偿模块,采取软、硬件结合的方法完成的。这种雷达的整机组成及工作过程与中频锁相相参脉冲多普勒天气雷达大致相同,不再赘述。

11.4　双偏振脉冲多普勒天气雷达

双偏振(双极化)多普勒天气雷达,除了能获取回波的强度、相位信息之外,更获取了回波的偏振(极化)信息。这对于提高雷达定量测定降水的精度,以及进一步了解云、雨中降水粒子体积的大小分布、形状、相态和空间取向等,都十分有用。

11.4.1　双偏振参数

双偏振多普勒天气雷达能从降水云中提取的物理量称为双偏振参数,通常有如下几种:

差分反射率因子 Z_{DR}(Differential reflectivity)、差分传播相位常数 K_{DP}(Specific differential phase)、线退偏振比 L_{DR}(Linear depolarization ratio)、相关系数 $\rho_{hv}(0)$(Correlation coefficient at zero lag)。

11.4.1.1　差分反射率因子 Z_{dr}

$$Z_{DR} = 10\lg(Z_{hh}/Z_{vv}) \qquad (dB)$$

式中 Z_{hh} 为雷达发射水平偏振波时接收水平偏振波的反射率因子 Z_{dB} 值;Z_{vv} 则为雷达发射垂直偏振波时接收垂直偏振波的反射率因子 Z_{dB} 值。

11.4.1.2　差分传播相位常数

$$K_{DP} = \frac{\Phi_{DPr_2} - \Phi_{DPr_1}}{2(r_2 - r_1)}$$

式中 $\Phi_{DP} = \Phi_{hh} - \Phi_{vv}$,$\Phi_{hh}$ 为水平偏振波通过降水目标后散射回天线处的相位变化量,Φ_{vv} 为垂直偏振波通过降水目标后散射回天线处的相位变化量。由于降水目标处于运动状态,Φ_{hh} 和 Φ_{vv} 的量是不同的。K_{DP} 是降水目标区中距离雷达 r_1 和 r_2 两点之间区域的平均差分传播相位常数。

11.4.1.3　线退偏振比 L_{DR}

$$L_{DR} = 10\lg(Z_{hv}/Z_{hh}) \qquad (dB)$$

式中 Z_{hv} 是发射水平偏振波时,接收到垂直偏振波的反射率因子 Z_{dB} 值。

11.4.1.4　相关系数 $\rho_{hv}(0)$

该参数表征雷达发射的水平偏振波和垂直偏振波的一致性程度。完全一致时,$\rho_{hv}(0)$ 为 1 或 100%,否则<1。

11.4.2　工作体制分类

双偏振多普勒天气雷达有三种工作体制。一是单发单收:发射单通道、接收也是单通道,全单通道。也可以描述为交替发射和交替接收,或称异发异收。二是单发双收:发射单通道,接收双通道。也可以描述为交替发射和同时接收,或称异发同收。三是双发双收:发射双通道,接收也是双通道。也可以描述为同时发射和同时接收,或称同发同收。

11.4.2.1　单发单收双偏振多普勒天气雷达

这种雷达的简要组成框图如图 11.5 所示。

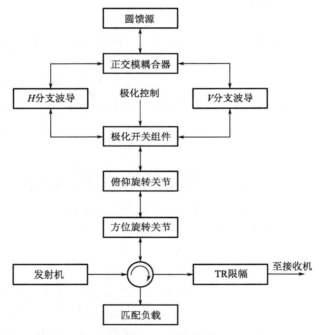

图 11.5　单发单收双偏振雷达简要组成框图

这种双偏振工作体制对硬件的要求相对低些,它有一个发射通道和一个接收通道,在雷达的一个重复周期内发射和接收水平偏振波获取 Z_{hh},而在下一个重复周期内发射和接收垂直偏振波,获取 Z_{vv},依次交替,不断重复,关键性的部件是极化开关组件,正交模耦合器和园馈源。

11.4.2.2　单发双收双偏振多普勒天气雷达

这种雷达的简要组成框图如图 11.6 所示。

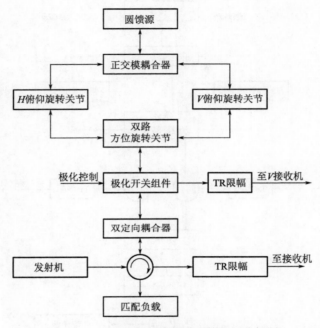

图 11.6　单发双收双偏振雷达简要组成框图

单发双收体制雷达有两个接收通道,它是一个重复周期发射水平偏振波,同时接收水平和垂直偏振回波,这样可以同时获取 Z_{hh} 和 Z_{hv};下一个重复周期发射垂直偏振波,同时接收垂直和水平偏振回波,这样可以同时获取 Z_{vv} 和 Z_{vh}。关键性的部件除了与单发单收相同之外,增加一个双路方位旋转关节。

11.4.2.3　双发双收双偏振多普勒天气雷达

这种雷达的简要组成框图如图 11.7 所示。

双发双收体制雷达同时有两个发射通道和两个接收通道,它不需要极化开关组件,但要一个功分器。这种雷达在每一个重复周期可以同时获取 Z_{hh} 和 Z_{vv},但不能获取 Z_{hv} 和 Z_{vh}。

11.4.3　体制分类比较

对于双偏振雷达的体制称谓,也有以发射通道的数量定名的,如:每一雷达重复周期只能发射水平偏振波(或垂直偏振波)的,称为单通道双偏振雷达;每一雷达重复周期可同时发射水平和垂直偏振波的,称为双通道双偏振雷达。这种定名方法不考虑接收通道的数量,似乎有些偏颇。

凡是单发的双偏振雷达,必须配置高功率、高隔离度的极化开关组件,才能控制

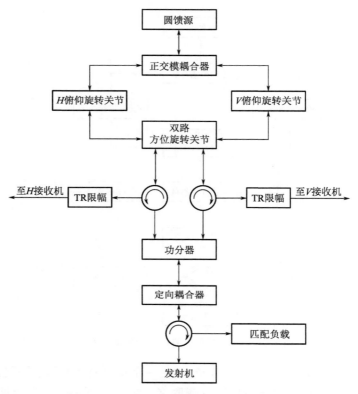

图 11.7　双发双收双偏振雷达简要组成框图

单发水平极化波或单发垂直极化波。通常要求隔离度达到 -30dB。

　　凡是双收的双偏振雷达,即同时接收水平、垂直偏振信号双偏振雷达,必须配置双路方位旋转阻流关节。

　　凡是双发的双偏振雷达,即同时发射水平、垂直偏振波的双偏振雷达,必须配置功分器。

　　不论何种体制的双偏振雷达,都必须配置正交模耦合器和园馈源。

　　双发双收双偏振雷达,以两种偏振波探测同一气象目标,它收到的回波信号的相关性好,有利于提高雷达天线的转速,完成一幅 PPI 画面所花费的时间少。单发单收双偏振雷达如果要得到精度相同的数据,采样时间就要增大 1 倍。此外,双发双收双偏振雷达不需要高功率、高隔离度的极化开关组件,而需要的功分器指标要求容易达到。

　　双发双收双偏振雷达能同时获取 Z_{hh} 和 Z_{vv},但不能获取 Z_{hv} 和 Z_{vh},因此,这种体制不能测 L_{DR}。为使其具备测 L_{DR} 的功能,可以增加一套机械波导开关,如图 11.8 所示。

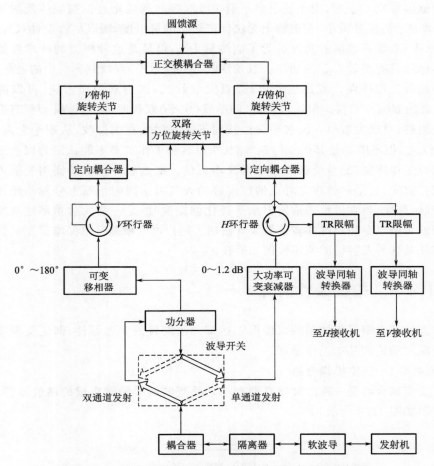

图 11.8　双发双收、单发(水平)双收兼容机简要组成框图

　　这样的双偏振雷达通过对波导开关的控制,具有两种工作模式,一是双通道发射工作模式。此时,功分器输出两路,雷达工作于双发双收体制;二是单通道发射工作模式,此时功分器没有输入,雷达工作于单偏振发射双偏振接收状态。这样的雷达平时工作于双发双收体制。V 支路中设置一个可变移相器,可移相 0°～180°连续可调,它用以决定馈源辐射的波型,可以是正圆极化波、负圆极化波或 45°线极化波等。H 支路中设置一个大功率衰减器,衰减量 0～1.2 dB,步进 0.05 dB,调好后可以固定,它用以调整两路偏振波发射时幅度的平衡性,衰减器本身的插损≤0.2 dB。当需要探测 L_{DR} 时,转入单发(水平)双收状态,也就是功分器没有输入,雷达只发射水平偏振波(不能发射垂直偏振波),而同时接收到水平偏振波的反射率因子 Z_{dB} 值即 Z_{hh} 和垂直偏振波的反射率因子 Z_{dB} 值即 Z_{hv},这样就可以测量 L_{DR} 了。实际工作中,在

探测线退偏振比 L_{DR} 时,由于发射水平偏振波时接收到的垂直偏振波的反射率因子 Z_{dB} 值即 Z_{hv} 值极其微小,在工程上无法保证该值的可信度,所以尽管设计双发双收、单发(水平)双收兼容机的初衷是为了能测量 L_{DR},但最终这种机型的技术性能指标中并不标示具有测量 L_{DR} 的功能。双发双收、单发(水平)双收兼容机中的波导开关,用来控制其工作体制。双通道发射,即双发双收式,作为双偏振雷达,可以测量除 L_{DR} 以外的双偏振参数。单通道发射,即单发(水平)双收时,由于该机型没有配置极化开关组件,只能发射单一的水平偏振波而不能发射垂直偏振波,从理论上讲,它可以测量 L_{DR},但不能测量其他双偏振参数,所以这种工作状态不能认定为以上定义的单发双收工作体制,况且所测 L_{DR} 数据又不可信。那么这种机型的实用价值体现在哪里呢?首先,它是一种在当时双偏振多普勒天气雷达国内市场上号称功能比较完备的产品;其次,当它以单通道发射水平极化偏振波时,是一部发射功率比双发双收大一倍的单偏振全相参脉冲多普勒天气雷达。用户可以根据气象保障需要灵活地选用。这就是这种兼容机的实用价值之所在。

11.4.4　关键器件简介

下面简单介绍任何体制的双偏振雷达都必须配置的关键器件,即正交模耦合器和圆馈源的结构和基本工作原理。

11.4.4.1　正交模耦合器

正交模耦合器是一种由波导直臂和与之垂直的波导侧臂组成的微波器件,其结构示意图如图 11.9 所示。

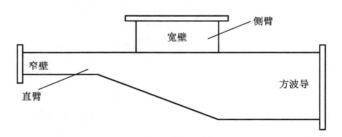

图 11.9　正交模耦合器结构示意图

正交模耦合器的直臂是一段由矩形渐变为方形的波导,侧臂是一段矩形波导,来自 H、V 分支波导或 H、V 俯仰旋转关节的 H、V 偏振波,分别从直臂和侧臂的矩形波导口输入,通过方波导加到圆馈源的输入端。如果只有一种偏振波输入正交模耦合器,那它也只由其方波导口输出该偏振波。

11.4.4.2　圆馈源

圆馈源的馈出端是圆形的,而它的馈入端是方形的,所以它的全称为方波导共轴双模圆馈源,其结构示意图如图 11.10 所示。

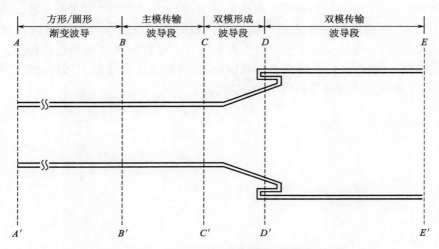

图 11.10　方波导共轴双模圆馈源结构示意图

圆馈源也称为共轴双模喇叭口辐射器。先假设正交模耦合器方波导内只有水平偏振波送来。图 11.10 中 B—E 段为辐射器本身的圆形波导段。A—B 段为方形/圆形渐变波导段,它用以将方波导中的电磁波波型转变为圆形波导中的 TE_{11} 型波。辐射器从入口 BB',到口面 EE' 之间,B—C 段为主模 TE_{11} 波传输波导段。C—D 段的圆波导,其口径逐渐增大,并且设置一个槽口。由于改变了电磁波传输的边界条件,使 TE_{11} 波在向口面传输的过程中,又激励起 TM_{11} 波,于是双模形成。D—E 段为 TE_{11} 波和 TM_{11} 波双模馈电波导段。两种波型同时经过相同的传输距离 D—E,一起到达辐射口面。口面上 TE_{11} 波和 TM_{11} 波的电场分布示意图分别如图 11.11a、b 所示。

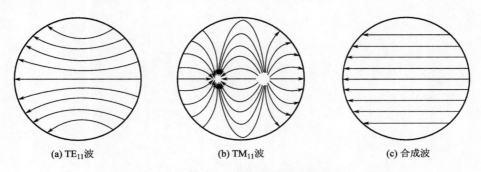

(a) TE_{11}波　　　　　　(b) TM_{11}波　　　　　　(c) 合成波

图 11.11　TE_{11}、TM_{11} 和合成波示意图

实际上口面上各点的电场矢量是 TE_{11} 波和 TM_{11} 波电场的矢量合成。恰当地选择和调整 $C—D$ 段波导口径的张角和槽口的深度以及双模传输波导段的长度,可以使口面上共轴双模的相位中心重合,于是在辐射器口面上形成相位一致的水平偏振波,如图 11.11c 所示。如果正交模耦合器方波导内只有垂直偏振波,那么最后在辐射器口面上形成相位一致的垂直偏振波。如果正交模耦合器方波导内同时存在 H、V 偏振波,那么最后在辐射器口面上也是既有水平偏振波也有垂直偏振波。如果 H、V 偏振波的幅度相同,在时间上同相馈电,这时圆馈源将辐射 45°偏振波,这个 45°偏振波在空间可以分解成等效的 H、V 偏振波。

第 12 章　天气雷达中应用的新技术

　　随着现代军用雷达技术的高速发展,如脉冲压缩技术、全固态技术、相控阵技术等,天气雷达得以借鉴、开发和应用这些新技术,使之具有更远的探测距离、更高的探测精度以及更为便捷的操作、维修运作,从而能以更高的工作质量为大气科学研究和气象保障服务。下面逐一介绍上述各项新技术的基本原理。

12.1　脉冲压缩原理简介

　　脉冲雷达为要解决探测距离远与距离分辨力高的矛盾,采用了脉冲压缩体制。发射载波按一定规律变化的宽脉冲以提高发射平均功率,获取足够远的探测距离;接收时,采用脉冲压缩方法,取得窄脉冲回波以保持良好的距离分辨力。

　　雷达接收机输入的目标回波脉冲信号的波形与雷达发射机输出的载波按一定规律变化的宽发射脉冲信号的波形是相同的,只是信号的幅度相差极大。在接收机中,对宽输入信号进行处理,将它转变成窄脉冲信号,这一处理过程称为"脉冲压缩"。

　　脉冲压缩方法根据发射信号载波变化规律的不同,主要分为线性调频脉冲压缩、非线性调频脉冲压缩和相位编码脉冲压缩。

12.1.1　线性调频脉冲压缩的基本原理

　　线性调频脉冲压缩是利用接收机中的脉冲压缩网络来完成的。图 12.1a、b 表示接收机输入的信号是一个脉冲宽度 τ 很宽的线性调频脉冲信号。它的载频开始时低,为 f_1,而结束时高,为 f_2,信号的调制频偏 $\Delta f = f_2 - f_1$。这个信号,送至脉冲压缩网络。该网络具有如图 12.1c 所示的延时—频率特性,即在信号的调制频偏 Δf 范围内,延迟时间 t_d 也是随频率呈线性变化的,频率越高,延迟时间越短。网络对信号中最先进入的低端频率 f_1 延迟时间最长,为 t_{d1},对经过脉宽 τ 时间而最后进入的高端频率 f_2 则延迟时间最短,为 t_{d2}。这样,信号中不同频率成分通过该网络后几乎同时到达输出端,压缩成窄脉冲 τ_0,其波形如图 12.1d 所示。由图 12.1d 中可以看出网络对信号中各频率成分的延时关系以及如下关系式:

$$\tau + t_{d2} = t_{d1} + \tau_0$$

　　因为 $t_{d1} > t_{d2}$,所以 $\tau_0 < \tau$。这样,脉冲宽度为 τ 的线性调频宽脉冲信号,通过压

缩网络后,其宽度被压缩,成为窄脉冲。

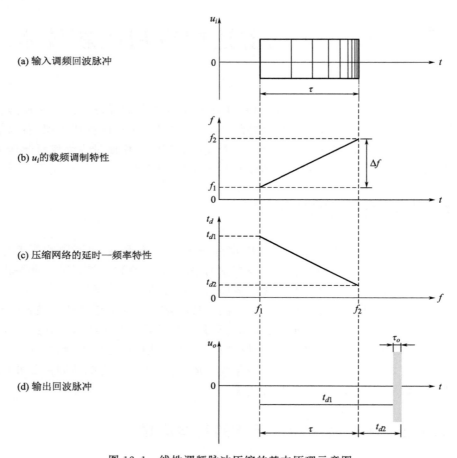

图 12.1　线性调频脉冲压缩的基本原理示意图

　　下面借助图 12.2 描述一下脉冲压缩雷达的实际工作物理过程。设脉冲宽度 τ 为 200 μs 的线性调频发射脉冲波的前沿遇到 200 km 处的目标Ⅰ,电磁波发生散射,其后向散射波中的针对雷达天线的这一小部分反射波,直接向着雷达天线返回。整个目标Ⅰ的反射波信号与发射脉冲信号的线性调频特性以及脉宽是完全一样的,只是幅度大大减小。在图 12.2a 中,以实线表示其包络的波形。经目标Ⅰ衰减后的发射脉冲仍然以光速向前传播,接着其前沿遇到了 203 km 处的目标Ⅱ。于是电磁波发生散射,又一次经受衰减,然而仍以光速继续向前传播。雷达则接收到目标Ⅱ的反射波信号,在图 12.2a 中以虚线表示其包络波形(点线波形为目标Ⅲ的反射波包络波形)。如果在雷达天线定向辐射的区域内还存在目标Ⅳ、Ⅴ……,则重复上述过程,如果此后不存在目标了,则发射脉冲一直向前传播,直至其能量消耗殆尽。

　　输入雷达接收机的回波脉冲信号Ⅰ、Ⅱ、Ⅲ,依次经压缩网络作用后,被压缩成窄脉冲。它们的包络波形在图 12.2b,分别以实线、虚线和点线表示。这三个回波脉冲所包含的三个气象目标的所有信息与未作脉压处理时一样,完好地保存着。

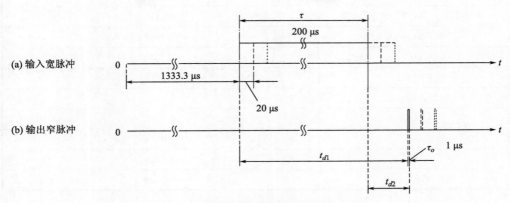

图 12.2　脉冲压缩物理过程示意图

12.1.2　非线性调频脉冲压缩的基本原理

　　非线性调频脉冲压缩方法中,雷达发射脉冲的载波频率随时间作有规律的非线性变化。下面以某型气象雷达为例,该雷达的发射脉冲载波频率按泰勒加权函数(Taylor Weighting function)$f(t)$的变化规律随时间作非线性变化。

12.1.2.1　泰勒加权函数

泰勒加权函数的表达式为:

$$f(t) = \frac{B}{T}t - \frac{B}{2} + \sum_{n=1}^{10}\left[A(n) \cdot B \cdot \sin\left(\frac{2\pi nt}{T}\right) \right] \tag{12.1}$$

式中,B 为带宽,即发射脉冲非线性调频信号的有效频谱宽度;T 为脉宽,即发射脉冲的脉冲宽度;$A(n)$为加权系数,本函数中 n 取 1~10。

　　设雷达接收到的回波脉冲宽度为 20 μs,在作脉压处理时,确定脉压比为 40,于是将其分解成 40 个宽度为 0.5 μs 的子脉冲,最后压缩成有效脉宽 $\tau_0 = 0.5$ μs 的一个窄回波脉冲。这样,基于脉冲压缩滤波器的特性,其输出脉冲的宽度 τ_0 的值,正好近似为发射脉冲非线性调频信号的有效频谱宽度 B 值的倒数,亦即 $B = 1/\tau_0$,则带宽 B 为 2 MHz。式(12.1)中时宽 T 为 20 μs。

　　不同 n 值时,加权系数 $A(n)$ 的值如表 12.1 所示。

表 12.1 不同 n 值时 $A(n)$ 的值

加权系数 $A(n)$	脉压比
	40 : 1
$A(1)$	0.1609
$A(2)$	0.0657
$A(3)$	0.0402
$A(4)$	0.0289
$A(5)$	0.0219
$A(6)$	0.0202
$A(7)$	0.0175
$A(8)$	0.0174
$A(9)$	0.0205
$A(10)$	0.0188

下面讨论脉压比为 40 时,泰勒加权函数的曲线形状,以展示非线性调频的变化规律。此时泰勒加权函数可表达为:

$$f(t) = 0.1t - 1 + \sum_{n=1}^{10} [2A(n)\sin 2\pi(n/20)t] \tag{12.2}$$

式中的变量 t 单位为 μs,函数 f 单位为 MHz。该式的曲线形状由一个直线方程和一组三角方程组的曲线相加的结果决定。其中直线方程为 $0.1t-1$;三角方程组为:

$$\sum_{n=1}^{10} [2A(n)\sin 2\pi(n/20)t] \tag{12.3}$$

三角方程组式(12.3)的曲线图是由 $n=1$ 到 $n=10$,十条正弦波曲线之和构成的。随着 n 值的不同,这十条正弦波曲线的振幅 $2A(n)$、频率 $n/20$ 和周期 $20/n$ 均不相同。表 12.2 列出不同 n 值时正弦波曲线的振幅、频率和周期值。

表 12.2 不同 n 值时正弦波曲线的振幅、频率和周期值

n	振幅 $2A(n)$	频率 $(n/20)$/MHz	周期 $(20/n)$/μs
1	0.3218	0.05	20
2	0.1314	0.1	10
3	0.0804	0.15	6.6
4	0.0574	0.2	5
5	0.0438	0.25	4
6	0.0404	0.3	3.3
7	0.035	0.35	2.85

n	振幅 $2A(n)$	频率 $(n/20)$/MHz	周期 $(20/n)$/μs
8	0.0348	0.4	2.5
9	0.041	0.45	2.2
10	0.0376	0.5	2

根据表 12.2 分别画出三角方程组的十条曲线如图 12.3 所示。将十条曲线瞬时值相加,得到式(12.3)三角方程组的合成曲线,如图 12.4 所示。方程 $0.1t$ 和 $0.1t-1$ 的曲线,分别如图 12.5 和图 12.6 所示。在统一的坐标系上,将三角方程组合成曲线图 12.4 和方程 $0.1t-1$ 曲线图 12.6 瞬时值相加,得到雷达在脉压比为 40 时的泰勒加权函数的曲线如图 12.7 所示。

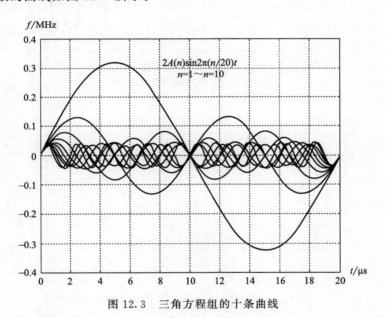

图 12.3　三角方程组的十条曲线

雷达在脉压比为 40 的状态下,最先由频率源生成的发射脉冲激励信号的载波频率,就是在 50 MHz 的基础上按图 12.7 所示的泰勒加权函数曲线呈现的规律作非线性调频变化的。图 12.7 纵坐标 0 点处为 50 MHz,脉宽 20 μs 的发射脉冲非线性调频信号的频率变化范围从 49~51 MHz,表明其有效频谱宽度、即带宽为 2 MHz。之后无论信号的载波中心频率如何变,在射频范围也好,变频后在中频范围也好,载波的频率则始终按泰勒加权函数曲线呈现的规律作非线性调频变化。直至最后由接收分系统的数字中频分机送至信号处理分系统的 20 μs 40 点 16 位 I/Q 数字信号中,都完全反映按泰勒加权函数规律变化的非线性调频特性。

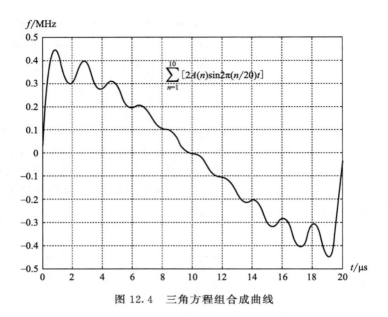

图 12.4　三角方程组合成曲线

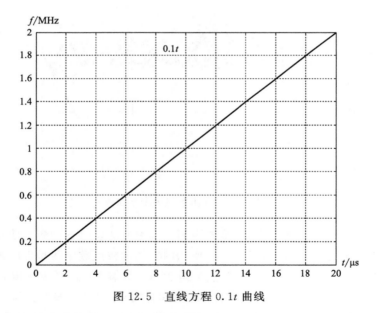

图 12.5　直线方程 $0.1t$ 曲线

　　从脉冲压缩工作物理概念角度来看,相当于雷达在信号处理分系统中设置了两组数字式脉冲压缩匹配滤波器,分别对脉冲回波 I/Q 数字信号实施脉冲压缩。

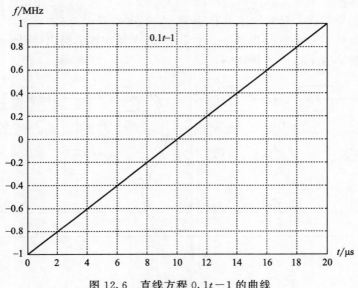

图 12.6　直线方程 $0.1t-1$ 的曲线

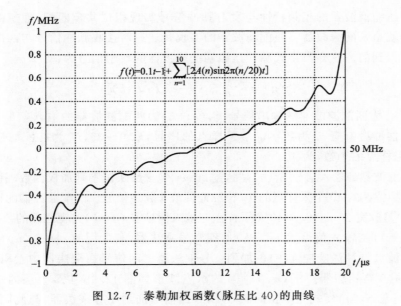

图 12.7　泰勒加权函数（脉压比 40）的曲线

12.1.2.2　数字式脉冲压缩匹配滤波器

下面以雷达在脉压比为 40 的状态下，数字式脉冲压缩匹配滤波器对脉冲回波中的 I 数字正交信号实施脉冲压缩的工作物理过程为例，加以讨论。

数字式脉冲压缩匹配滤波器的原理框图如图 12.8 所示。它由延时网络、乘法器和相加器三部分组成。延时网络共有 39 个 0.5 μs 的延时电路,编号 1~39;乘法器共有 40 个,编号 0~39;相加器将 0~39 号共 40 个乘法器的输出信号相加后,产生脉压后的输出信号 $S_0(n)$。

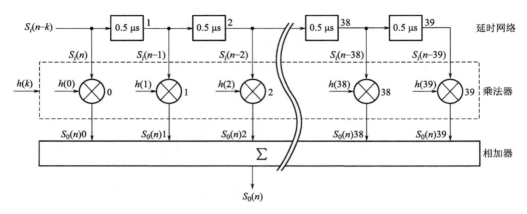

图 12.8　数字式脉冲压缩匹配滤波器原理框图

脉冲压缩滤波器的相频特性与发射脉冲信号实现相位共轭匹配,理想的脉冲压缩滤波器就是匹配滤波器。匹配滤波器的实现是通过对接收脉冲信号与匹配滤波响应求卷积得到的。这样数字式脉冲压缩匹配滤波器的输出信号为:

$$S_0(n) = \sum_{k=0}^{N-1} [S_i(n-k) \cdot h(k)] \tag{12.4}$$

式中,$S_0(n)$ 为匹配滤波器的输出信号,$S_i(n-k)$ 为匹配滤波器的输入信号,$h(k)$ 为匹配滤波器冲激响应,k 为数字信号采样点的序号,取 0~39,N 为匹配滤波器冲激长度,即采样点的个数,为 40。

匹配滤波器的输入信号 $S_i(n)$ 是脉宽 20 μs、包含反映按泰勒加权函数规律变化的非线性调频特性的 40 个采样点的 16 位脉冲回波 I 数字信号。匹配滤波器的冲激响应信号 $h(k)$ 是脉宽 20 μs、包含 40 个采样点与输入信号 $S_i(n-k)$ 共轭匹配的数字信号。

当 $k=0$ 时,输入信号 $S_i(n-k)$ 加到 0 号乘法器,与此同时,与 $S_i(n)$ 相位上共轭匹配的滤波器冲激响应 $h(0)$ 也加到 0 号乘法器。两信号在乘法器中卷积后,输出信号 $S_0(n)0$ 至相加器。$S_0(n)0$ 信号的示意波形如图 12.9b 中最上层的一条。经 0.5 μs 后,与 $S_i(n)$ 模式完全相同的 $S_i(n-1)$ 信号加到 1 号乘法器,与此同时,与冲击响应信号 $h(0)$ 模式相同的 $h(1)$ 信号也加到 1 号乘法器,这两个相位共轭匹配的信号在 1 号乘法器中卷积后输出信号 $S_0(n)1$ 至相加器。$S_0(n)1$ 信号的示意波形如图 12.9b 中自上而下的第二条,在时间上延迟了 0.5 μs。上述过程在之后的时间内、在滤波器中又重复了 38 次,直到第 39 号乘法器将 $S_i(n-39)$ 和 $h(39)$ 两个相位共轭匹

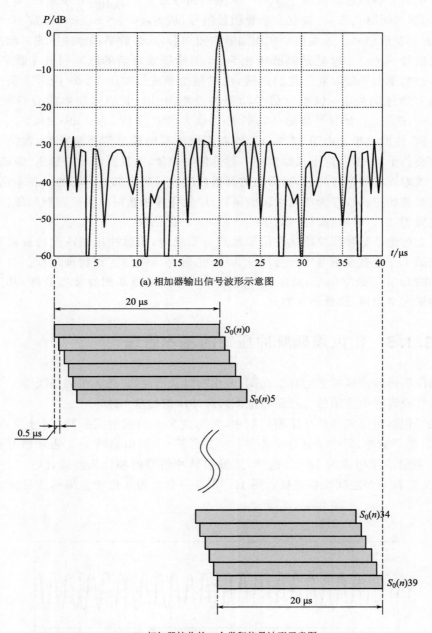

(a) 相加器输出信号波形示意图

(b) 相加器接收的40个卷积信号波形示意图

图 12.9　匹配滤波器主要工作波形示意图

配的数字信号卷积后输出信号 $S_0(n)39$ 至相加器为止。图 12.9b 示意在 40 μs 时间内,相加器每间隔 0.5 μs,接收一个卷积后信号,从 $S_0(n)0 \sim S_0(n)39$,共 40 个脉宽 20 μs 的卷积后信号。这些信号在相加器中相加后,成为数字式脉冲压缩匹配滤波器的输出信号 $S_0(n)$。这就是经脉压比为 40 的脉压处理后的脉冲回波 I 数字信号。该信号的功率电平随时间变化的曲线,也就是功率波形如图 12.9a 所示。图中横坐标时间 t 的量纲为 μs;纵坐标信号功率的量纲为 dB,取信号功率的分贝值,即按 dB$=10\lg(P/P_{max})$ 计算。当信号功率 P 为最大值 P_{max} 时,为 0 dB;$P<P_{max}$ 时,dB 值为负值,依此类推。由图 12.9a 可见,匹配滤波器的输出信号波形中,在"主瓣"的两侧存在若干"旁瓣",这不仅要消耗一部分信号能量,而且强信号的脉压"旁瓣"会掩盖或干扰附近的弱信号回波,对雷达的测量精度和分辨力都是不利的。在本例中,雷达采用泰勒加权函数作为非线性调频函数,用优化算法获得非线性调频脉压信号,在脉压比为 40 时,"旁瓣"指标达到了 $\leqslant -27$ dB 的优化值。

以上讨论了脉冲压缩雷达在信号处理分系统中,用脉冲压缩匹配滤波器对脉冲回波中的 I 正交数字信号实施脉压比为 40 的脉冲压缩的工作物理过程。对于脉冲回波中的 Q 正交数字信号,则用另一组数字式脉冲压缩匹配滤波器处理,其工作过程和结果完全相同,此处不再重复。

12.1.3 相位编码脉冲压缩的基本原理

相位编码脉冲压缩雷达有二相制、多相制以及巴克码、伪随机码等类型。下面介绍目前气象雷达中应用的二相制相位编码脉冲压缩的基本原理。

在二相制相位编码脉冲压缩体制中,将宽度为 τ 的发射宽脉冲,划分为 N 个宽度为 τ_0 的子脉冲,每个子脉冲的相位按 +1 或者 −1 两相编码,+1 表示信号相位为 0°;−1 表示信号相位为 180°。这样,宽发射脉冲信号的相位依照码元(+1,−1)的次序,在 0° 和 180° 之间交替变换。图 12.10 是一个二相 8 位相位编码信号的波形示意图。

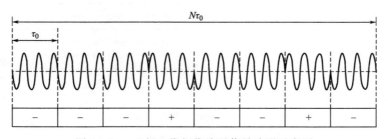

图 12.10 二相 8 位相位编码信号波形示意图

雷达接收机输入的目标回波脉冲信号的波形与雷达发射机输出的相位编码宽脉冲信号的波形是相同的,只是信号的幅度相差极大。在接收机中采用数字式脉冲压缩滤波器对输入信号进行压缩滤波处理后,得到一个"主瓣"宽度为 τ、幅度为输入宽脉冲幅度 N 倍的窄脉冲,完成了脉冲压缩功能。

脉冲压缩滤波器的相频特性与发射信号实现相位共轭匹配,理想的脉冲压缩滤波器就是匹配滤波器。匹配滤波器的实现是通过对接收信号与匹配滤波响应求卷积得到的。数字式脉冲压缩匹配滤波器的输出信号表达式就是前述的式(12.4),即

$$S_0(n) = \sum_{k=0}^{N-1} \left[S_i(n-k) \cdot h(k) \right]$$

式中,$S_0(n)$ 为匹配滤波器的输出信号,$S_i(n-k)$ 为匹配滤波器的输入信号,$h(k)$ 为匹配滤波器冲激响应,k 为子脉冲序号,N 为匹配滤波器冲激长度,即子脉冲的个数。

按上式构成的脉冲压缩匹配滤波器的原理框图如图 12.11 所示。这是一个二相 8 位相位编码脉冲压缩匹配滤波器,它由延时网络、乘法器(即加权器)和相加器三部分组成。

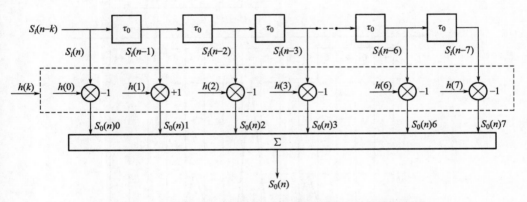

图 12.11　二相 8 位相位编码脉冲压缩匹配滤波器的原理框图

延时网络共有 7 个延时单元,每一个单元延迟的时间为一个子脉冲的宽度 τ,匹配滤波器的输入信号 $S_i(n-k)$ 是由 8 个子脉冲组成的相位编码宽脉冲信号,其编码序列为:

$$P = (-1, -1, -1, +1, -1, -1, +1, -1,)$$

加到乘法器各单元的是匹配滤波器的冲激响应 h(k),它的编码序列为 P 的反转,即

$$P' = (-1, +1, -1, -1, +1, -1, -1, -1,)$$

图 12.12 展示了在雷达定时器的控制下,相位编码宽脉冲信号 $S_i(n-k)$ 以编码

序列 P 输入到匹配滤波器的同时,冲激响应 $h(k)$ 也以编码序列 P' 输入,两者同步。输入的宽脉冲信号经各延时单元延时后,分别送到相应的乘法器。乘法器对各自进入的信号相位乘以 $+1$ 或 -1,$+1$ 表示相位不变;-1 表示倒相 $180°$(乘法器的 $+1$,实际上就是取信号本身;-1,就是将信号反相)。相乘之后,将 8 路信号送至相加器中相加。

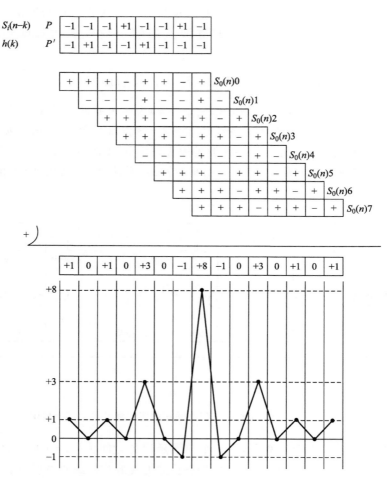

图 12.12　二相 8 位相位编码脉冲压缩匹配滤波器的信号处理过程示意图

由图 12.12 可见,匹配滤波器的输出信号波形中,在"主瓣"的两侧存在若干"旁瓣",这不仅要消耗一部分信号能量,而且强信号的脉压"旁瓣"会掩盖或干扰附近的弱信号回波,对雷达的测量精度和分辨力都是不利的,必须采取"旁瓣"抑制措施。例如,采用互补相位编码方法。这种方法是将发射宽脉冲设计成有两个互补的编码序列,前面讨论的编码序列 P 的互补编码序列为 P_1,

$$P_1 = (-1, -1, -1, +1, +1, +1, -1, +1,)$$

匹配滤波器的输入信号 $S_i(n-k)$ 的编码序列为 P_1 时，匹配滤波器的冲激响应 $h(k)$ 的编码序列则为 P_1 的反转，此时，滤波器的信号处理过程如图 12.13 所示。

雷达工作时，可以在一个波束内先长发 P 码，然后长发 P_1 码；或者 P 码和 P_1 码交替发射，最终将两个互补编码序列处理的结果相加。比较图 12.12 和图 12.13 可见，两序列的各"旁瓣"在幅度上相等，但符号相反，相互抵消；而"主瓣"则幅度、符号均相等，相加后峰值为 $2N$。

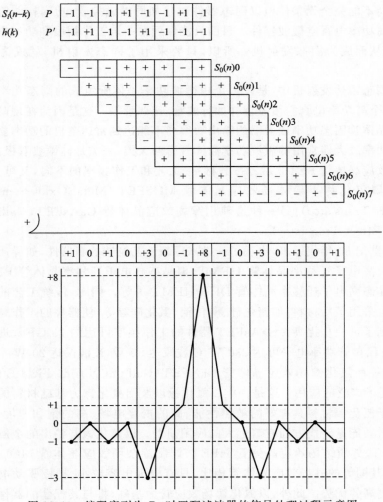

图 12.13 编码序列为 P_1 时匹配滤波器的信号处理过程示意图

12.2　全固态气象雷达

　　凡是全系统没有采用任何电真空器件的雷达,称之为全固态雷达。时至今日,在雷达的诸多分系统中,如接收、信号处理、监控、伺服、数据处理终端等分系统中,用以完成各自功能所采用的电子器件中,都早已用晶体管、集成电路取代了早期采用的电真空器件——电子管,可以说,这些分系统所采用的电子器件都已固态化了,唯独发射分系统,由于其承担产生载波频率很高、脉冲宽度很窄的高功率发射脉冲的任务,在工程上尚不能完全无条件地以固态器件取代如同轴磁控管、功率行波管和大功率速调管等高功率电真空微波器件。目前只能做到在一定工作频段和功率电平条件下可以取代,从而成为固态发射机。所以,只要采用了固态发射机,就成为了全固态雷达。

　　在全固态雷达发射机中,是以多个由微波功率晶体管组成的固态功率放大器组件,取代单个高功率电真空微波器件如行波管、速调管等。这是因为在现阶段单个的微波功率晶体管固态功率放大器的输出功率尚不能达到雷达整机的功率要求之故。

　　固态功率放大器常用的微波功率晶体管有两大类,一类是硅微波双极晶体管;另一类是场效应晶体管 FET。后者按其材料、工艺和工作频率的不同,又可分为两种:一种是金属氧化物半导体场效应晶体管 MOSFET(Metal-Oxide-Semiconductor Field Effect Transistor);另一种是砷化镓场效应晶体管 GaAsFET(Gallium Arsenide Field Effect Transistor)。

　　自 20 世纪 80 年代以来,出现了一批采用新工艺制造的新器件,如异质结双极晶体管 HBT、高电子迁移率晶体管 HEMT、拟晶态高电子迁移率晶体管 PHEMT、双异质结拟晶态高电子迁移率晶体管 DH-PHEMT 等等。同时,传统工艺的微波固态功率器件也采用了新材料,如锗化硅、磷化铟、氮化硅等等,使器件的工作频率和功率电平都得到了进一步提高。GaAsFET 器件的工作频率可达约 75 GHz、进入毫米波波段。S 波段单管功率电平可达 230 W,C 波段达 50 W,X 波段达 20 W。

　　目前,一种氮化镓场效应晶体管 GaNFET(Gallium Nitride Field-Effect Transistor)得到了广泛的应用。这是一类以氮化镓以及铝氮化镓为基础材料的场效应晶体管。由于氮化镓材料具有好的散热性能、高的击穿电场、高的饱和速度,GaNFET 在大功率射频能量转换方面有着远大的应用前景。以氮化镓制备出的金属场效晶体管 MESFET、异质结场效应晶体管 HFET、调制掺杂场效应晶体管 MODFET 等新型器件,与其同等的硅场效应晶体管相比,具有栅极电容较小、栅极驱动电压较低和额定电压更高的优势。此外,以氮化镓场效应管为基础,将与其配套的器件集成为一体,成为一种氮化镓单片微波集成电路 GaNMMIC(GaN Monolithic Microwave Integrated Circuit)作为固态微波功率放大器件,应用于固态发射机中。

　　微波功率晶体管一般被认为是一种平均功率器件,因为它的工作电压低、输出的峰值功率受到相当限制。而高功率真空管,如行波管、速调管等,则是典型的峰值功率器件,工作在高电压环境下,能输出很高的峰值功率。

　　全固态雷达发射机一般分为两种基本类型:一是集中放大式高功率合成固态发射机,采用多管并联、多级串联的高功率合成技术取得高功率;二是分布式空间合成有源相控阵雷达固态发射机,采用多辐射单元相控阵的空间功率合成技术取得高功率。

　　全固态发射机与磁控管、行波管、速调管等真空管发射机相比有下列优势:

　　(1)固态发射机没有热阴极,不存在预热时间,节省了灯丝功率,器件的使用寿命几乎是无限的。

　　(2)固态发射机都工作在低压状态,末级功放管的电源电压一般不会超过 50 V,不像真空管发射机那样需要几千伏至几十千伏的高电压,因此不存在需要浸在变压器油中的高压器件,也不需要激磁绕组和钛泵,从而大大地减小和减轻了发射机的体积和重量。

　　(3)固态发射机中所用晶体管功率放大器模块的平均无故障时间 MTBF 可达 10 万～20 万 h。固态发射机实现射频功率放大器和低压直流电源模块化。于是,其输出功率是由大量射频功放组件并联相加或由有源相控阵的 T/R 组件中的发射支路射频功率放大器输出,然后在空间合成的。当少数功放组件发生故障时,不会影响发射机系统的正常工作。直流电源可以并联运用,采取冗余设计,个别电源出现故障也不会影响系统的正常工作。因此,行业内有一种说法,就是固态发射机具有故障弱化特性。

　　(4)固态发射机内部的 BITE 可将故障孤立到每个可更换单元,用备件更换便可排除故障,大大缩短了维修时间。

　　(5)作为固态发射机中的射频功率放大器组件应用在相控阵雷达中具有很大的灵活性。与采用真空管发射机的相控阵雷达相比,后者系统中的高功率源与天线阵面之间的射频传输有很大损耗,而且波束控制和移相,都是在高功率电平上进行,过程中都有高功率损耗,因此整机效率较低。采用固态发射机的有源相控阵雷达,还可以用关断或降低某些 T/R 组件中功率放大器的输出功率,来实现有源相控阵天线发射波瓣的加权以降低旁瓣。

　　综上所述,全固态雷达发射机具有寿命长、体积小、重量轻,可靠性高,维修性好和整机效率高等优势。存在的局限性主要表现在高功率情况下,其成本会高于真空管雷达发射机。

　　下面介绍某型船用全固态多普勒天气雷达中采用的集中放大式高功率合成固态发射机的结构和概略工作过程。该船用雷达对回波强度的定量探测距离≥120 km,警戒距离≥240 km;工作频率 9300 MHz±30 MHz;发射功率≥150 W;最宽脉冲宽度 400 μs；重复频率 500～2000 Hz。

集中放大式高功率合成固态发射机的外形和组成框图如图 12.14a 和 b 所示。由图 12.14b 可见，该固态发射机采用了三级功率放大器，四个隔离器和一个定向耦合器。其中前级功放采用 EMM5061VF 型氮化镓单片微波集成电路 GaNMMIC，将其输入端 7.5 dBm 功率电平的发射脉冲信号，放大到 28 dBm，其外形如图 12.15a 所示。末前级功放采用 NC11619C-812P40 型 GaNMMIC，将其输入端 27.5 dBm 功率电平的发射脉冲信号，放大到 43 dBm，其外形如图 12.15b 所示。末级功放采用 NC41628S-910P200 型氮化镓场效应晶体管 GaNFET，将其输入端 42.5 dBm 功率电平的发射脉冲信号放大到 52 dBm，然后经定向耦合器和隔离器 IV、输出 51.76 dBm 功率电平，即 150 W 的射频发射脉冲信号，通过天线馈线分系统向空中定向发射。末级功放的外形如图 12.15c 所示。

(a) 外形

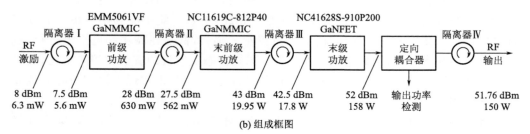

(b) 组成框图

图 12.14　集中放大式高功率合成固态发射机的外形和组成框图

固态发射机为了保证射频发射脉冲信号在放大过程中的稳定性、抑制外来干扰，采用了四个隔离器，它们在结构上都是一种微波三端环行器，除了输入、输出两个端点之外，在第三个端点处，内置一个匹配负载（比如 50 Ω 的匹配电阻），射频信号在三

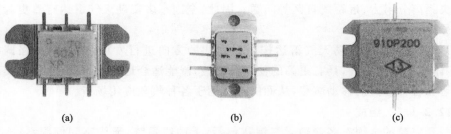

图 12.15　三级功放的外形图

端环行器内按顺时针方向,从输入端点传输至输出端点,如有剩余的能量则被匹配负载吸收。其中前三级隔离器Ⅰ、Ⅱ、Ⅲ,采用同一型号的环行器,即 TBG1002F-9500B 型,其外形如图 12.16a 所示;隔离器Ⅳ采用 TBH2023-9500 型,其外形如图 12.16b 所示。

图 12.16　三端环行器的外形图

定向耦合器是一个微带耦合器,实际结构就是在传输信号的主微带线旁,安置一段并行的副传输微带线,它一端连接一匹配负载;另一端则耦合输出一小部分信号功率,作为主波样本,用以测试输出功率。

以上介绍的是集中放大式高功率合成固态发射机的结构和基本工作原理。关于分布式空间合成有源相控阵雷达固态发射机,将在下一节相控阵雷达中介绍。

12.2.1　全固态多普勒天气雷达

全固态多普勒天气雷达属于全相参体制雷达,与速调管发射机为代表的传统全相参天气雷达相比,主要区别是采用了全固态发射机和脉冲压缩信号处理技术。前面已经介绍了全固态发射机以及脉冲压缩技术,概括来说,与真空管发射机相比,全固态发射机具有使用寿命长、可靠性高、连续工作能力强等优点,并且操作、维护简单方便,使用、运行成本低,具有较高的性价比。全固态发射机适合高占空比工作,由于充分利用了发射平均功率,从而保证了探测距离,但需要使用多个脉冲相结合的方式来解决距离分辨力、近距离盲区等问题。因此,全固态多普勒天气雷达有着更为复杂的信号处理技术。

目前,全固态多普勒天气雷达按照系列化的方向进行发展,并且更加强调模块化、一体化的结构设计,具有更高的使用灵活性,既能适合地面固定安装,也可实现人力搬运和各种形式的移动装载,从而广泛适用于各种气象应用场所。

12.2.1.1 组成

一套完整的全固态多普勒天气雷达包括:天馈线系统、天线座和伺服系统、发射机、接收机、频率源、标定单元、信号处理器、显示和控制终端,以及配套的电源系统、监视和控制软件、气象产品软件和通信系统等。此外,雷达还具有较完善的自检和自动标定功能,以及故障报警和自保的能力,对危险天气能够进行自动报警。附属设备包括发电机、UPS、防雷设施等,根据系统具体情况进行配置。对于移动式雷达系统,还配备了用于移动的车载平台。

对于标定单元而言,雷达系统通常具有自动或人工干预检测和标定功能。其中自动模式下具有在线、实时的特性,其检测和标定内容主要包括发射机脉冲功率、接收机噪声系数、接收机增益和动态范围、相位噪声、地物杂波抑制比、距离和速度测量精度等,并可根据标定结果对探测数据进行必要的修正以保证其准确性。

一般而言,全固态多普勒天气雷达系统包括本地系统和远程系统两大部分。本地系统由雷达主机和雷达本地终端组成,而远程系统由雷达远程终端组成,本地系统预留远程系统接口。雷达系统的标准配置应包括完整的本地系统,远程系统由用户根据需要选配。通用的全固态多普勒天气雷达系统组成如图 12.17 所示。

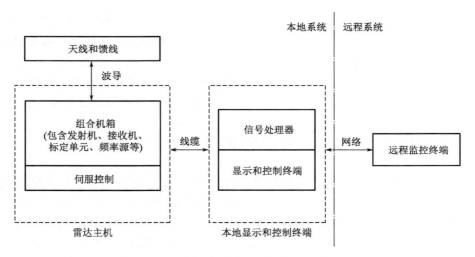

图 12.17　全固态多普勒天气雷达系统组成

12.2.1.2　多脉冲补盲技术

全固态多普勒天气雷达技术上采用宽、窄脉冲相结合的脉冲压缩信号形式,大占空比全固态功率合成放大链式发射机、高稳定度频率源、大动态范围数字接收机、低副瓣天线、可编程数字信号处理、实时图像终端等新技术和工艺,具有高灵敏度、高可靠性、使用维护方便等特点。系统能够满足长时间连续运行需求,能在预置的扫描策略控制下覆盖一个体积空间,提供气象评估数据。

在进行多脉冲补盲时,通常使用两脉冲或者三脉冲的形式,三脉冲方式可以减少脉冲之间的功率差,提升雷达的探测能力,但是也给信号处理带来更大的复杂性。如图 12.18 所示为某型号全固态多普勒天气雷达所使用的三脉冲收发时序及补盲示意,该雷达使用线性调频信号。雷达在工作时,依次发射载频不同的短、中、长三个脉冲,在接收中频处理时,利用不同的数字本振将三个脉冲回波进行分离和补盲处理。一般情况下,雷达由 FPGA 内置的 DDS 产生指定频率范围的中频信号,根据雷达工作方式在指定带宽内生成三段频率、脉宽不等的短、中、长线性调频脉冲,波形参数包括了这三段脉冲的起始频率、结束频率、脉宽以及脉冲重复周期。

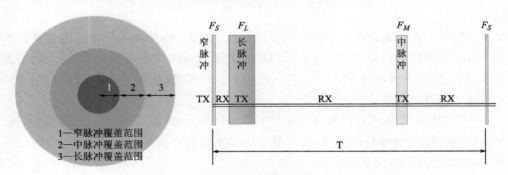

图 12.18　三脉冲收发时序及补盲示意

对于多脉冲补盲的情形,可以使用脉冲参数来计算每个脉冲的探测能力,根据探测需求合理优化波形参数,以得到较好的观测结果。同样以使用三脉冲的某雷达为例,各脉冲在不同距离上的最小可探测反射率因子如图 12.19 所示。如果按照 $Z = aR^b$ 关系式进行降水估算,取 $a = 200$,$b = 1.6$,那么在 30 km 范围内能探测到 0.1 mm/h 的降水,在 36 km 范围内能探测到 0.2 mm/h 的降水,如图 12.19 中黑色虚线所表示。

12.2.2　全固态双偏振多普勒天气雷达

全固态双偏振多普勒天气雷达采用双线偏振全相参体制,偏振方式包括采用同发同收体制,即同时发射水平、垂直线偏振波,同时接收水平、垂直线偏振波;单发双收体制,即发射水平偏振波,同时接收水平、垂直线偏振波;或者采用交替发射,同时

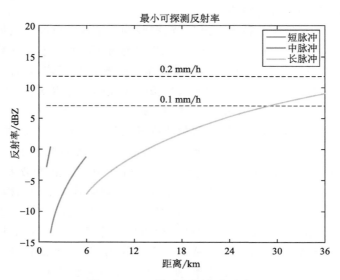

图 12.19　三脉冲探测能力示意

接收的工作方式。和常规多普勒天气雷达相比,双偏振多普勒天气雷达在定量降水估计以及降水粒子相态识别方面有着明显的优势,有助于了解降水微物理结构,带来更多、更全面的分析资料,并可对危险天气进行自动报警,提高气象保障能力。

12.2.2.1　组成

一套完整的全固态双偏振多普勒天气雷达包括:天线罩、天馈线系统、伺服系统、发射机、接收机、信号处理器、监控与显示终端和附属设备等。组成框图如图 12.20所示,下面对其中的重要部分做一些简要的说明。

天馈线系统包括天线分系统和馈线分系统。天线分系统由旋转抛物面反射体与馈源组成,用于辐射微波能量和接收目标后向散射微波功率。馈线分系统主要由波导、馈线、环形器等组成,馈线分系统分为两路,一路为水平支路,另一路为垂直支路,用于传输分配发射和接收信号。

伺服转台选用数字式伺服系统,高精度伺服电机驱动,方位 360°无限制、俯仰$-2°\sim+92°$扫描,具有相应的电气和机械限位功能;雷达伺服系统应支持PPI、RHI、SRHI、体扫、扇扫、定点等多种扫描方式,各种扫描方式均由软件控制完成。

雷达发射机将来自接收机的激励信号通过全固态功率放大后,输出大功率微波信号,通过天馈线系统向空间辐射;接收雷达监控单元的控制指令,完成对发射机的各种控制,并向监控单元反馈发射机的工作状态和故障信息。

接收与信处分系统主要由接收通道、频率源、标定单元等组成。接收通道主要完

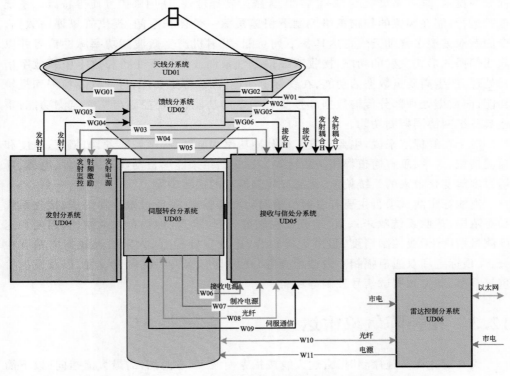

图 12.20　中国气象局 X 波段标准化全固态双偏振雷达系统组成框图

成回波信号的放大、滤波和下变频,并输出模拟中频信号至数字中频模块;数字中频包括时钟信号、触发信号产生、A/D 转换、数字下变频等,最后形成数字 I/Q 信号传送至信号处理器。频率源为雷达各分机提供各种频率信号和激励信号,并以高稳定度、低相位噪声的晶振作为频率基准,保证频率源的所有输出信号也具有高稳定度、低相位噪声、高谐波和杂散抑制等特性。利用机内高精度标定模块,实现主要指标的标定,主要包括发射机脉冲功率和脉宽、噪声系数、回波强度、速度和速度谱宽、相位噪声、地杂物抑制、水平和垂直通道幅相一致性等,标定的结果用于雷达体扫间在线标校过程。

雷达控制分系统主要包含雷达远程电源控制器、UPS、终端系统、交换机等设备。远程电源控制器与 UPS 共同完成对雷达系统、终端系统及附属设备的供电与电源控制,具备远程开关电与功耗监测功能。

12.2.2.2　功能特点

全固态双偏振多普勒天气雷达采用大占空比全固态功率合成发射机、高稳定度频率源、双通道大动态范围数字接收机、超低副瓣的脉冲压缩,以及低副瓣天线数字伺服等技术,具有高灵敏度、高可靠性、天线运转速度快、使用维护方便等特点。系统连续运行,能在预置的扫描策略控制下快速覆盖一个体积空间,提供气象评估数据。全固态双偏振多普勒天气雷达具备下列功能:发射机产生微波高功率脉冲信号并以双线偏振的形式发射的功能;接收双线偏振气象回波经过下变频和数字中频数字信号处理,产生高质量数据的功能;在线标定功能;离线标定功能;自动故障检测和报警功能;向数据处理部分传输数据和接受其指令的功能;远程控制与实时监测功能;雷达具备组网协同控制功能。

对于在线标定来说,主要有发射机脉冲功率和脉宽,噪声系数,回波强度,速度和速度谱宽,水平、垂直通道幅相一致性等。标定的结果能够自动修正因器件、电缆、环境温度等变化带来的系统偏差,提高双线偏振量的探测精度。

离线标定测试项目主要有发射机输出功率和脉宽、系统极限改善因子、接收系统动态范围、接收系统噪声系数、接收机灵敏度、相位噪声、地物杂波抑制比、强度和速度测量精度、天线控制精度、强度定标检查、速度定标检查、太阳法天线指向精度检查、天顶标定和双通道幅相一致性检查等,还要具有相关测试参数设置,以及发射机重复频率、脉宽和测试信号控制等功能。

12.3　相控阵气象雷达

天气雷达在实施探测时,雷达天线按指令使波束(方向图)的最大值指向(以下简称指向)按规定的方式(如 PPI、RHI 方式),在方位和俯仰二维空间连续扫描,以发现气象目标并接收其回波信息。在之前的讨论中,雷达是由伺服分系统采用机械方法,用电机驱动天线转动完成波束扫描的,这都属于机械扫描雷达。下面要讨论的相控阵雷达(phased array radar)是采用相控阵天线(phased array antenna)的雷达。它的波束扫描是通过控制阵列天线中辐射单元激励信号的馈电相位来改变波束(方向图)的指向而完成的。所以这是一种电子扫描、实质上是相位控制扫描、即相控扫描。实施相控扫描的阵列天线,就是相控阵天线。

用机械方法转动天线时,惯性大、速度慢。相控阵天线避免了这一缺点,天线波束(方向图)的指向变化迅速,也就是波束的扫描速度高,是无惯性的。所以相控阵雷达具有机械扫描雷达无法企及的灵活性和数据率。为了降低成本和简化结构,通常在水平面这一维范围内用机械方法转动天线,而在另一维即垂直平面内,用相控方式控制波束的扫描。这种混合式扫描天线称为一维相扫天线,在天气雷达中得到广泛应用。

目前典型的、用移相器来控制波束发射的相控阵雷达有两种组成形式,一种称为有源相控阵,其阵列天线中每一个辐射单元、即每个天线阵元,单独用一个放大链式发射机和一个超外差接收机。另一种称为无源相控阵,其阵列天线中的所有天线阵元共用一个或几个发射机和接收机。有源相控阵雷达的发射馈线损耗较小,移相器等器件均处于低功率状态,可靠性较高;但同时它的造价和设计、制造的复杂性等方面,也要高于无源相控阵雷达。

相控阵天线中的辐射单元、即阵元,根据相控阵雷达的功能、工作波长的不同,有多种类型。例如:相控阵天气雷达中大多采用波导裂缝天线作为辐射单元,用很多波导裂缝天线组成波导裂缝天线相控阵,也有采用微带贴片天线作为辐射单元的。边界层风廓线雷达中有采用微带贴片天线作为辐射单元的。低对流层风廓线雷达采用由若干个长度为半波长的同轴线段组成的同轴共线(COCO)阵天线作为辐射单元的。对流层风廓线雷达则有采用半波振子天线作为辐射单元的,如此等等。

相控阵技术应用于气象雷达后,促进了气象雷达在多功能、多用途等方面的快速发展。目前主要应用在风廓线雷达和天气雷达中,下面分别介绍。

12.3.1　相控阵风廓线雷达

风廓线雷达大都采用相控阵天线,它能以较高的时间分辨率和空间分辨率、连续、实时地探测大气不同高度上的平均风向和风速,给出风的垂直廓线。它再与无线电声学探测系统 RASS(Radio Acoustic Sounding System)、微波辐射计配合,便可测得大气水平风场、大气湿度、大气温度以及大气折射率结构常数 C_n^2 等气象要素随高度的分布。它所提供的为常规探测手段很难获取的实时三维精细风场信息,能有效地为大气科学研究和天气预报业务应用服务。

以下将以某型边界层风廓线雷达为例,展开讨论。

12.3.1.1　技术体制及基本原理

边界层风廓线雷达是一种大气探测遥感设备,它采用全相参相控阵数字化脉冲多普勒体制,本质上是一部采用相控阵天线的数字化晴空探测全相参脉冲多普勒测速雷达。风廓线雷达以大气中的湍流为探测目标。大气中的层状不均匀体或湍流团的折射率起伏,造成了电磁波散射,湍流团是以湍流作为风的示踪物。雷达定向辐射的电磁波在空间传播的过程中,遇到大气湍流将会发生散射,当湍流的涡旋尺度为雷达电磁波波长的一半时,电磁波散射的能量最大。根据湍流散射理论和全相参脉冲多普勒雷达的测速原理,风廓线雷达向空间发射高功率电磁波脉冲,通过接收大气中湍流对电磁波的后向散射信号,提取大气湍流的多普勒信息,从而获取天线波束指向上的径向风速数据。一个方向上的径向速度不足以用来确定风矢量,至少需要 3 个不同方向天线波束指向上的径向风速数据才能确定风矢量。这 3 个波束中,一个是指向天顶的垂直波束,称为中波束;另 2 个波束为方位正交的倾斜指向波束,例如:向东倾斜的东波束和向北倾斜的北波束。2 个倾斜波束的指向偏离中波束 14°左右。

这 3 个波束的仰角都很高,它们的采样气柱彼此间的距离很近,处于同一气流中。3 波束的空间指向示意图如图 12.21 所示。

设在 3 个波束指向上的某一高度,中波束测得的径向多普勒风速为 V_{RV},东、北波束测得的径向多普勒风速分别为 V_{RE} 和 V_{RN}。其中,中波束测得的径向多普勒风速 V_{RV} 即为垂直气流速度值 w,这就是三维风分量中的垂直分量。V_{RE} 和 V_{RN} 在水平面上的投影 u 和 v,则分别为三维风分量中的东、北两个方向上的水平分量。下面从图 12.21 这幅三维空间示意图中取其中的中、北二维平面如图 12.22 所示。从该图可以看出北径向风速 V_{RN} 与北水平分量即北风分量 v 以及垂直气流 w 的关系为:

$$V_{RN} = v\sin\theta + w\cos\theta \tag{12.5}$$

式中,θ 为倾斜波束轴与法线方向的夹角,前已提及约 14°。

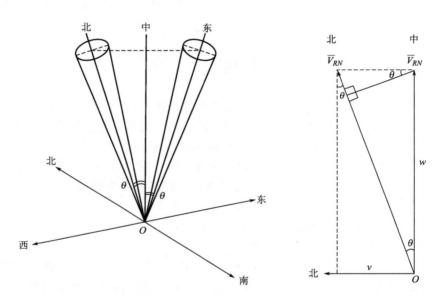

图 12.21　3 波束空间指向示意图　　　图 12.22　中、北二维平面示意图

按照同样的方法,画出中、东二维平面示意图,即可得到东径向风速 V_{RE} 与东水平分量即东风分量 u 以及垂直气流 w 的关系为:

$$V_{RE} = u\sin\theta + w\cos\theta \tag{12.6}$$

而中径向风速为

$$V_{RV} = w \tag{12.7}$$

在风场水平均一性假设的前提下,解式(12.5)、式(12.6)、式(12.7)联立方程,可得东风分量 u、北风分量 v 以及垂直气流分量 w 分别为:

$$u = \frac{V_{RE} - V_{RV}\cos\theta}{\sin\theta}$$

$$v = \frac{V_{RN} - V_{RV}\cos\theta}{\sin\theta}$$

$$w = V_{RV}$$

根据以上各式就可以算出合成后的水平风速 V 及其风向 β，因为水平风速 V 是由东风分量 u 和北风分量 v 合成得到的，所以

$$V = \sqrt{u^2 + v^2}$$

其风向 β 则为：
$$\beta = \text{arctg}(u/v)$$

风廓线雷达是一种实施晴空探测的脉冲多普勒测速雷达，天线发射的电磁脉冲在空间某个区域里的后向散射能量返回到天线成为回波信号被雷达接收。根据回波信号返回的时间，确定大气目标离雷达的距离。由于被观测的大气目标是连续无边的。因此，风廓线雷达的回波也是连续地在不同的时间、也就是从不同的距离点返回，这些不同的距离点称为距离单元。在每一个雷达的脉冲重复周期内，虽然只发射一个电磁脉冲，然而通常却要采集几十个不同距离单元的回波信号。每一个距离单元上的回波信号数据，是被测空间的一个体目标的回波信号经过处理后的数据。这个体目标的大小称为距离单元长度，它决定了风廓雷达的空间分辨率，它与发射脉冲宽度和接收带宽有关，风廓线雷达在系统设计时，必须使之达到匹配。

实际上，在对某一高度的风速、风向进行计算时，要对每一个波束的每一个距离单元进行计算。由于东、南、西、北 4 个波束是倾斜波束，从它们的距离单元所得到的数据是各个波束方向的数据，因此在计算时还要作倾斜波束的高度修正，才能准确算出离地面垂直高度的风速和风向。

风廓线雷达将接收到的微弱的回波信号，经接收前端放大、滤波，再经变频后成为中频回波信号，然后由数字中频接收分机滤波、放大、处理后、将数字 I/Q 信号送信号处理分系统进行大量的相干积累和非相干积累，并通过滤波等信号处理初步检测出目标回波信号，最后由数据处理与终端分系统剔除虚假数据，确认目标回波信号作数据处理，计算出目标的径向速度，并利用风场水平均一性假设，解算不同高度层上的各个风分量，即东风分量 u，北风分量 v 和垂直气流分量 w，最终得到一条水平风矢量廓线和一条垂直气流廓线。所讨论的风廓线雷达是具有 5 个波束的探测系统，它能够提供质量更高的数据，因为它具有对数据作连贯性检查的功能。

风廓线雷达按雷达脉冲重复周期 T_r，连续地从天线发射出电磁脉冲列，雷达的重复周期 T_r 短，则采样速率高，有利于提高信号处理灵敏度，但却使雷达的测距范围受到限制，会发生第一个重复周期发射脉冲的远距离回波在第二个重复周期发射脉冲的回波显示期间出现，成为所谓的二次回波，从而被误认为是第二个重复周期发射脉冲的近距离回波，造成了距离模糊现象，这是需要采取措施加以解决的问题。通

常风廓线雷达脉冲重复周期 T_r 值的选择,应能保证其最大探测高度 H_{max} 所需要的时间,如 H_{max} 为 3 km,则 T_r 值至少应大于 20 μs。

雷达工作于测风模式时,需要测量低至 50 m,高至 2 km 或 3 km 的风数据。在这两种情况下,返回的回波信号能量相差很大。当发射脉冲宽度为 0.33 μs 时,才能保证最低探测高度为 50 m。因为根据雷达测距方程,0.33 μs 相当于 49.5 m,在此期间雷达在发射,不能接收回波信号。然而脉宽为 0.33 μs 的发射脉冲,脉冲能量较弱,2~3 km 的回波信号将极为微弱。为了有效地接收 2~3 km 的回波信号,需要更大的发射脉冲能量,必须加大脉冲宽度来提高威力。同时,大的脉冲宽度使距离单元的长度加大,对应距离单元的空间体目标的体积加大,也使得回波能量增大,所以该雷达设计了 0.33 μs、0.66 μs、1.32 μs 和 2.64 μs 等 4 种脉冲宽度。在测风模式下,用户可以根据需要采用单脉宽工作方式或是高/低混合工作方式。工作方式组合如表 12.3 所示。表中的每种工作方式均有各自的工作参数,如发射脉冲宽度、脉冲重复周期,最大探测高度等等,以便进行相应的距离单元采样和信号处理、数据处理,有效地解决回波信号能量悬殊的问题以满足用户的不同需求。

表 12.3 工作方式组合表

$\tau/\mu s$	F_r/kHz	$T_r/\mu s$	H_{max}/km
0.33	150	6.66	1
0.66	50	20	3
1.33	14	71.428	10.7
2.64	2	500	75

12.3.1.2 组成及概略工作过程

边界层风廓线雷达的简化组成框图如图 12.23 所示。它由天线馈线、发射、接收、信号处理、监控和数据处理与终端 6 个分系统组成。与其他类型的气象雷达相比较,它没有伺服分系统,这是因为它不是机械扫描雷达而是相控阵雷达,它的天线馈线分系统中的天线部分,采用无源相控阵天线,在馈线部分中,用移相器控制天线辐射单元、即阵元的馈电相位来完成天线波束的相位扫描。风廓线雷达的其他各分系统的功能和组成与天气雷达相同,它的数据处理与终端分系统也设置 2 台微机,一台称为雷达微机,另一台称为用户微机,2 台微机均可供预报人员使用。

该雷达工作于测风模式,数据处理与终端分系统通过雷达微机将用户设定的工作模式,工作参数等指令,送至信号处理分系统。后者根据指令要求产生相应的控制时序信号,经监控分系统对信号整形,驱动后,再转送至相应受控的各分系统,同时监控分系统监测各分系统的工作状态和实施故障报警。相控阵天线按照来自监控分系统的波控指令,产生对应的波束指向,接收分系统将发射脉冲激励信号送至发射分系统,由集中放大式高功率合成固态发射机将其放大后形成大功率发射脉冲经环行器

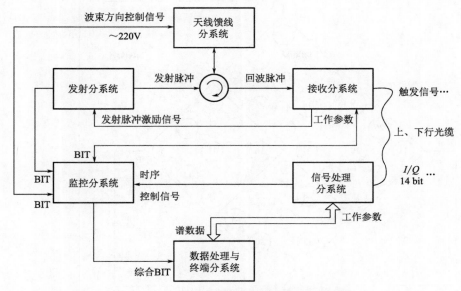

图 12.23　边界层风廓线雷达的简化组成框图

传输到天线馈线分系统,由馈线部分的各种微波器件和电路,按相控阵天线波束扫描方式的要求,作功分、移相等处理后,分别传输到相控阵天线的各个辐射单元。由此可见,这是一部无源相控阵雷达。最终全部大功率发射脉冲的射频能量通过各辐射单元沿波束指向辐射到空中,当遇到湍流目标时,发生后向散射。天线接收到湍流回波后,经环行器送至接收分系统。各个距离单元的湍流回波信号经放大、变频、A/D变换,形成数字 I/Q 信号,通过光纤送至信号处理分系统,在那里对数字 I/Q 信号进行时域积累,地杂波抑制、FFT 处理和矩平均、矩估计、频域积累等运算后,得到风谱等数据,送至数据处理与终端分系统的雷达微机进行再处理与显示。同时,用户微机则通过网络读取雷达微机中的原始数据,对谱数据进行质量控制,最终生成风廓线等气象产品。

12.3.1.3　相控阵天线的工作原理

下面通过对某型边界层风廓线雷达天线馈线分系统工作过程的讨论,来阐明相控阵天线的工作原理。

12.3.1.3.1　天线馈线分系统的组成

该雷达天线馈线分系统中的天线部分包括天线阵、天线罩和屏蔽网。其中天线阵有 36 个辐射单元,采用微带贴片天线。每个辐射单元都制作成一个微带贴片子阵模块,组成了微带贴片天线阵。馈线部分包括环行器、功分/波控装置、功分/移相网络和射频电缆组件。其组成框图如图 12.24 所示。

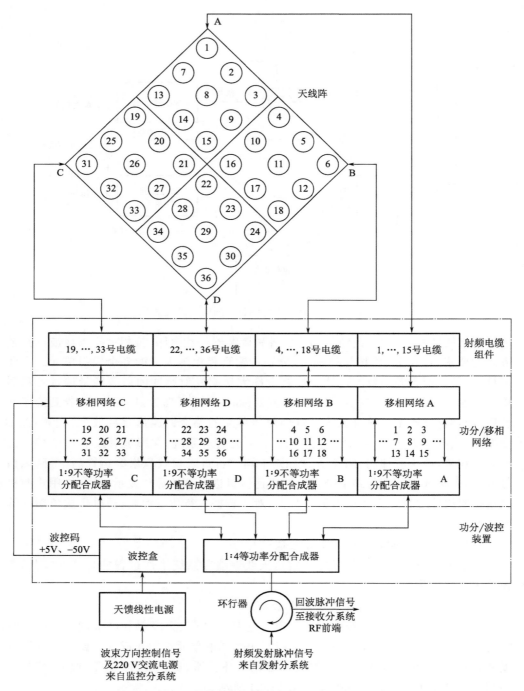

图 12.24 某型边界层风廓线雷达天线馈线分系统组成框图

由图可见,组成微带贴片天线阵的 36 个微带贴片子阵模块,也就是 36 个辐射单元或阵元,按由上向下、由右向左的顺序编号,将波束扫描面选在两个正交对角线即图中 $\overline{AD}$ 和 $\overline{CB}$ 所在平面,对角线 $\overline{AD}$ 向上所指方向,为方位真北。这种布局实现了天线辐射阵元的密度加权,天线阵的中心处,阵元数目多、周围少些。同时在设计上馈线给中间阵元的信号功率大于周围的,实现了振幅加权。比之于不选对角线的波束扫描面布局,明显地降低了副瓣电平。

馈线部分中的功分/波控装置由 1∶4 等功率分配合成器和波控盒组成;功分/移相网络共有 4 个,每个功分/移相网络各由一个 1∶9 不等功率分配合成器和一个含有 9 个二位数字移相器、10 个电缆插座和 1 块接线板的移相网络组成。射频电缆组件由 36 根射频半硬电缆组成。此外,还有一个天馈线性电源。

12.3.1.3.2　概略工作过程

雷达的天线馈线分系统整体上是收、发共用的。发射时,来自发射分系统的射频发射脉冲信号,经环行器送至 1∶4 等功率分配合成器,由它将射频发射脉冲信号功率一分为四,分别送至 4 个 1∶9 不等功率分配合成器,它们被分别编号为 A、B、C、D。每个 1∶9 不等功率分配合成器,都按照一定的功率加权和相位加权要求,将输入的四分之一射频发射脉冲信号功率又分为 9 个,具有 6 种功率档次、3 种内置相位的射频脉冲信号,分送到移相网络中不同编号的 9 个移相器。其中 1∶9 不等功率分配合成器 A 送到移相网络 A 中的 1、2、3、7、8、9、13、14、15 号各移相器;1∶9 不等功率分配合成器 B 送到移相网络 B 中的 4、5、6、10、11、12、16、17、18 号各移相器;1∶9 不等功率分配合成器 C 送到移相网络 C 中的 19、20、21、25、26、27、31、32、33 号各移相器;1∶9 不等功率分配合成器 D 则送到移相网络 D 中的 22、23、24、28、29、30、34、35、36 号各移相器。移相网络中 36 个移相器输入端的射频发射脉冲信号的功率和相位,根据它们各自连接的阵元在天线阵中所处位置的不同而有所不同。处于阵中心的功率档次高,处于阵边缘的功率档次低。输入端的信号相位是 1∶9 不等功率分配合成器内置的相位。当波控盒在监控分系统通过天馈线性电源送来的波束方向控制信号控制下,生成波控码加到各移相网络中的移相器,各移相器在波控码的控制下,将射频发射脉冲信号的相位,移动一个规定的角度(其中考虑了对内置相位的补偿),达到天线波束正常扫描的目的。

36 个移相器通过 36 根射频半硬电缆,分别将具有规定相位值和功率值的射频发射脉冲信号接到 36 个阵元上,由微带贴片天线阵向空间发射。

接收时,由大气湍流散射产生的射频回波脉冲信号,通过 36 个阵元接收,经射频电缆组件、功分移相网络、功分波控装置和环行器,送至接收分系统 RF 前端的 PIN 开关和低噪声场放。

天馈线性电源接受监控分系统送来的波束方向控制信号,交流 220 V 电源等。它将交流 220 V 电源经整流滤波产生＋5 V 和－50 V 直流电源,随同波束方向控制信号送给波控盒。

12.3.1.3.3　天线部分

(1)微带贴片天线原理

微带贴片天线(Microstrip Patchantenna)是微带天线的一种。

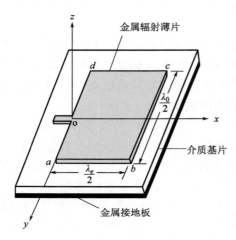

图 12.25　微带贴片天线结构示意图

微带天线是在带有金属接地板的介质基片上,贴上金属辐射薄片而形成的天线。它利用微带或同轴线馈电,在金属辐射薄片与接地板之间的介质中激励起射频电磁场,并通过金属辐射薄片某些周边与接地板间的缝隙向外辐射。因此,微带天线也可看作为一种缝隙天线。通常介质片的厚度与雷达工作波长相比是很小的,因此它实现了一维小型化,属于电小天线的一类。

微带天线通常有 4 种形式:微带贴片天线、微带振子天线、微带线型天线和微带缝隙天线。

在雷达天线中用的是矩形微带贴片天线,其结构示意图如图 12.25 所示。由图可见,金属辐射薄片的宽度为:

$$\overline{ad} = \overline{bc} = \lambda_0/2$$

其长度为:

$$\overline{ab} = \overline{dc} = \lambda_e/2$$

以上两式中 λ_0 为电磁波在自由空间的波长; λ_e 为电磁波在介质基片中的波长。

微带贴片天线采用同轴线馈电时,同轴线的内导体从金属接地板后面绝缘穿入,与金属辐射薄片相接;外导体则与金属接地板相连。由于金属辐射薄片与金属接地板之间为介质基片,同轴线馈入的电磁场将在介质基片中,沿着 X 轴由 a 至 b 向一段长度相当于 $\lambda_e/2$ 的传输线段传输,而传输线段的末端处于开路状态,其驻波分布按一定规律,两端为电场环点,中间为电场节点。因为线长为 1/2 波长,两端电场的相位相反,其示意图如图 12.26 所示。图中还画出 a、b 端电场的分布状况。实际上在馈电的情况下,上述电磁场在介质基片中的传输过程,同时在金属辐射薄片的 $\overline{ad}$ 边向着 $\overline{bc}$ 边发生着,整个金属辐射薄片与其对应的金属接地板之间的介质基片中,都有电磁场在传输。因此,金属辐射薄片 $\overline{dc}$ 边电磁场的分布状况与图 12.26 所示 $\overline{ab}$ 边的相同。

由于金属辐射薄片的长度为 $\lambda_e/2$,沿着电磁波传输方向,在 $\overline{ad}$ 和 $\overline{bc}$ 前、后两道边上,电场的水平分量 E_x 保持同相,都与金属接地板平行,其示意图如图 12.27 所

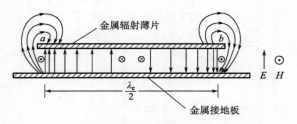

图 12.26　$\overline{ab}$ 边电磁场分布示意图

示。这相当于两个同相馈电、间距为半个波长的平行缝隙,缝的长度为金属辐射薄片的宽度 $\overline{ad}$ 或 $\overline{bc}$,为 $\lambda_0/2$;缝的宽度约等于介质基片的厚度,这两个缝隙将在空间产生辐射作用,辐射的最大方向为介质基片的法线方向、即 Z 轴方向。另外两侧(即与缝隙垂直)的 $\overline{ab}$ 、$\overline{dc}$ 两道边上,电场水平分量的方向相反,互相抵销,没有辐射作用。

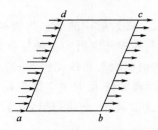

图 12.27　电场的水平分量 E_x 示意图

(2)微带贴片天线阵

本雷达的微带贴片天线阵是由 36 个微带贴片子阵模块构成的,每一个微带贴片子阵模块又是由 4 个矩形微带贴片天线和一个 1∶4 功分器所构成,这就是一个辐射单元,即一个阵元。

微带贴片子阵模块即阵元的结构示意图如图 12.28 所示。4 个矩形微带贴片天线和 1∶4 微带功分器一起制作在一块微带板上,通过一个垂直馈电点(图中的 A 点)馈电,馈入的射频发射脉冲信号能量,由 4 个贴片天线同时、同相向空间辐射。

由图 12.24 可见,微带贴片天线阵由 36 个微带贴片子阵模块(以后统称阵元)按由上向下、由右向左的顺序编号,排列成正方形,使其辐射面为方形阵面。方形阵面的对角线是正交的,其中一根对角线、即图 12.24 中 1 号阵元和 36 号阵元的连线是南北向的;另一根对角线、即图 12.24 中 6 号阵元和 31 号阵元的连线是东西方向的。该雷达架设、标定时,应使南北向对角线在图 12.24 中朝上方向为方位角真北方向。当波控码在考虑、补偿了 1∶9 不等功率分配合成器对各移相器的内置相位值的基础上,指令 36 个移相器的最终相移值,使得 36 个阵元辐射的射频发射脉冲信号的相位

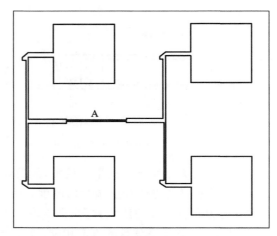

图 12.28　微带贴片子阵模块的结构示意图

均为 0°时,波束最大值指向天顶,即发射中波束。当波控码指令沿对角线上各移相器的最终相移值,使得沿对角线上各阵元辐射的射频发射脉冲信号分别依次递减 90°相位角(即滞后 90°)时,波束最大值将沿对角线扫描,并指向相位滞后的阵元所处方向。恰当地选取阵元之间的间隔、距离和阵元中 4 个微带贴片天线之间的间隔、距离,便可实现天线波束偏 14°朝向东、西、南、北方向扫描,发射东、西、南、北波束,从而形成 5 波束扫描体制。

(3)天线罩

雷达的天线罩用以解决天线积雪承重和外观美化问题。采用双面对称赋形单层薄壁罩、流线型的设计。通过在有罩情况下测量微带贴片子阵模块阻抗的方法以及在远场波瓣测试时调整天线罩的安装间距,来确定最佳值。实践证明,两者的调整精度基本一致。天线罩的双程损耗经实际测量为≤0.45 dB。

(4)屏蔽板

雷达天线的屏蔽板用以抑制低仰角障碍物的散射和地面杂波的干扰。屏蔽板一共 4 块,以一定的倾斜角安装在天线阵的四周。

12.3.1.3.4　馈线部分

(1)三端环行器

环行器作为天线馈线分系统的收发开关,将天线的收、发通道隔离,使天线成为收、发共用的双工器。

雷达的馈线部分采用一个 Y 型 3 端环行器,其结构与工作示意图如图 12.29 所示。它的内导体是一个 Y 形板线,Ⅰ、Ⅱ、Ⅲ 3 个臂在几何位置上互差 120°,Ⅰ、Ⅱ、Ⅲ 3 个端口与 3 个同轴线接头的芯线相连接。其中 Ⅰ 端接发射分系统、Ⅱ 端接波控装置、Ⅲ 端接接收分系统。

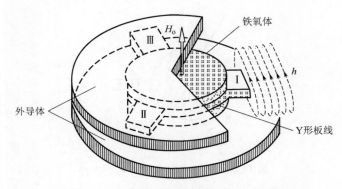

图 12.29   3 端环行器的结构与工作示意图

Y 形板线的上、下方各放一块圆形的铁氧体,在铁氧体的上、下方是两片圆形金属片,这就是环行器的外导体,分别与 3 个同轴线接头的外导体相连接。在上、下外导体的外面,再各放一块磁铁(永久磁铁),供给铁氧体所需的直流磁场 H_0。

来自发射分系统的射频发射脉冲信号,从连接 I 端的同轴电缆中以 TEM 型波电磁场的形式输入,到了 Y 形板线处,电磁场的分布发生了变化:交变电磁场将集中到板线和上、下外导体之间,其中交变电场方向与板线和外导体垂直;交变磁场则与电场垂直、磁力线围绕板线成闭合曲线(见图 12.29)。

从臂 I 进入铁氧体的交变磁场可近似地看作线极化磁场,其极化方向与直流磁场 H_0 垂直。一个线极化磁场可以分解为两个幅度相等、旋转方向相反的正、负圆极化磁场,其中旋转方向与由外加磁场方向决定的铁氧体内电子进动方向一致的为正圆极化磁场;反之为负圆极化磁场。在 3 端环行器的铁氧体内不发生磁共振现象,因此正圆极化波在传输过程中幅度基本上不会遭受衰减,然而它在铁氧体中的相对导磁系数 μ_r^+ 却要小于负圆极化波的相对导磁系数 μ_r^-,在满足 $0 < \mu_r^+ < \mu_r^-$ 的条件下,在铁氧体中正圆极化磁场的相移量要小于负圆极化磁场的相移量,因而在传输过程中,合成的线极化磁场的极化方向,不断地向着正圆极化磁场的旋转方向、也就是铁氧体中电子进动的方向偏移。根据图 12.29 中所示。外加直流磁场 H_0 的方向,决定了铁氧体中电子进动的方向是逆时针方向。适当选择直流磁场的强度和铁氧体的尺寸,便可使合成的线极化磁场的极化方向逆时针旋转 60°,如图 12.30 所示。这样,在 II 端处,交变磁场与板线伸展的方向垂直,交变磁场能在同轴线中激励起 TEM波,因此射频发射脉冲信号能从连接臂 II 的同轴电缆输出到波控装置中的 1:4 等功率分配合成器。在 III 端,交变磁场与板线伸展方向平行,不可能输出射频能量。根据同样道理可知,当回波信号从 II 端进入时,合成的线极化磁场的极化方向逆时针旋转 60°,即可从 III 端输出到接收前端的 PIN 开关和低噪声场放。

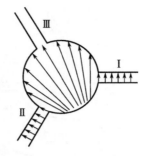

图 12.30　交变磁场极化方向的旋转

（2）功分/波控装置

功分/波控装置包括 1∶4 等功率分配合成器和波控盒两部分，一起装在一个机箱中，机箱面板上标注"波控装置"。

1)1∶4 等功率分配合成器

1∶4 等功率分配合成器是一种微带功分器，其结构示意图如图 12.31 所示。它的功用是将来自发射分系统的射频发射脉冲信号功率一分为四，分别送至功分/移相网络的 4 个 1∶9 不等功率分配合成器，为天线的 4 个小阵面分配能量。接收时，它合成 4 个小阵面接收的回波信号，通过环行器送至接收分系统。

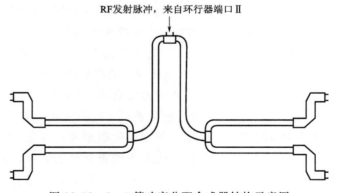

图 12.31　1∶4 等功率分配合成器结构示意图

2)波控盒

波控盒是控制天线波束扫描的重要部件，是产生波控码的设备。波控盒内安置的波控模块印制电路板上安装有位号为 $D_1 \sim D_{20}$ 的共 20 块集成电路，其中 D_1 和 D_2 是 EPM7128ELC84-2C 型现场可编程逻辑门阵列 FPGA。相控阵天线在设计时，为完成 5 波束扫描，对 FPGA 为产生控制 36 个移相器相移量的波控码编制好了程序，在来自监控分系统的波束方向控制信号的控制下，FPGA 按程序工作产生控制波束按中、东、西、南、北方向扫描所需波控码,并会同移相器所需直流电源,按 4 路分别通过连接导线、接线插座、线札、电缆插座,用 4 根电缆分别连接到相应的 A、B、C、D 这 4 个功分/移相网络,最终分别加到 36 个移相器,从而得以完成 5 波束扫描。

监控分系统发出的波束方向控制信号是与～220 V 电压一起送至天线馈线分系统的天馈线性电源,前已提及天馈线性电源将～220 V 电压经整流、滤波、稳压后,产生±5 V 和－50 V 直流电压,将其中＋5 V 和－50 V 直流电压会同波束方向控制信号一并送至波控盒,由波控盒将＋5 V、－50 V 直流电压会同波控码一起按 4 路送至 4 个功分/移相网络。

(3)功分/移相网络

由图 12.24 可见,馈线部分共有 A、B、C、D 4 个功分/移相网络。每个功分/移相网络中的功分部分就是一个 1∶9 不等功率分配合成器,而移相网络部分则包括 9 个二位数字移相器、10 个电缆插座和一块接线板。功分/移相网络中的 4 个 1∶9 不等功率分配合成器分别与功分/波控装置中 1∶4 等功率分配合成器的 4 个输出端口相连接;功分/移相网络中的 4 个移相网络则分别与功分/波控装置中波控盒的 4 路输出相接,取得波控码和＋5 V、－50 V 直流电压。

1)1∶9 不等功率分配合成器

前已说明,构成风廓线雷达天线阵的 36 个阵元(微带贴片子阵模块)是按一定规律编了号的,与 4 个 1∶9 不等功率分配合成器分别装在一起的移相网络的 36 个移相器以及移相器与阵元之间的 36 根连接电缆都是对应地编了号的,即 1 号电缆是连接 1 号移相器和 1 号阵元的,其余依此类推。天线馈线分系统中各主要器件之间的编号连接规定,保证了波控功能的实现,使相控阵天线波束指向按中、东、西、南、北确定的顺序扫描。

1∶9 不等功率分配合成器的结构示意图如图 12.32 所示。它是由 4 个微带交指定向耦合器(各含一个 50 Ω 匹配纯阻负载)、4 个微带功率分配器(各含一个隔离电阻和一个匹配电容)以及诸多不同长度的配相微带线段组成。它有 1 个输入端口、9 个输出端口。输入端口连接波控装置 1∶4 等功率分配合成器的一个输出端口。雷达发射时,取得分配给它的射频发射脉冲信号;雷达接收时,输出一个小阵面的射频回波脉冲信号给 1∶4 等功率分配合成器。

雷达为了使微带贴片天线阵的副瓣电平达到－27 dB 的优良水平,采取了两道措施,一是在天线布阵中实行阵元密度加权,从图 12.24 可见,在天线阵的中心处,阵元数目多,而其周围阵元数目少,这样做有利于将辐射能量集中于主瓣而抑低副瓣;二是采用泰勒(Taylor)加权功率幅度分布法,规定 36 个阵元的功率幅度加权分为 6 档,使处于天线阵中心处的阵元辐射强,而其周围的辐射弱。通过 1∶9 不等功率分配合成器,依靠微带交指定向耦合器来达到设计规定的不等功率分配要求。

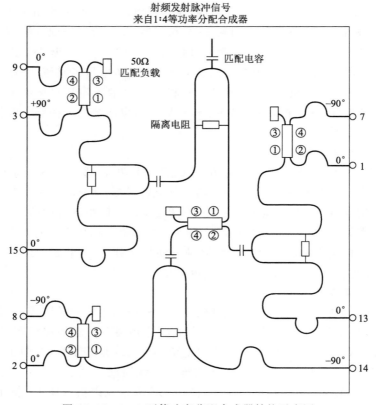

图 12.32　1∶9 不等功率分配合成器结构示意图

　　微带交指定向耦合器的结构示意图如图 12.33 所示。它是由规定形状和尺寸的 3 片微带贴片组成。"交指"部分有 4 条微带,有的微带之间用金线焊牢连接。它共有①、②、③、④ 4 个端口,其中端口①为输入端口,端口②和端口④为输出端口,端口③接 50Ω 纯阻匹配负载。端口①和端口④是直通的,输出信号没有相位移动;端口①和端口②为交指耦合,输出信号设计成导前输入信号 90°。

　　微带功率分配器是一种 1∶2 等功率分配器,在其输入端串接一匹配电容,在 2 个输出微带之间的一定位置、并接一隔离电阻。

　　在 1∶9 不等功率分配合成器中,4 个微带交指定向耦合器和 4 个微带功分器,由配相微带线段有机地联接、组合起来,构成了一个功分单元。微带线段的长度以四分之一微带波长数为基数,长度不同的微带线段之间的长度差值为四分之一微带波长的长度或其整数倍,折合成相位差为 90°或其整数倍。1∶9 不等功率分配合成器还通过实验、调试,使其性能满足了设计要求。

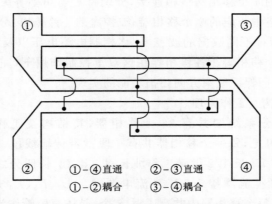

①－④直通　②－③直通
①－②耦合　③－④耦合

图 12.33　微带交指定向耦合器结构示意图

下面以图 12.24 中 1∶9 不等功率分配合成器 A 为例,将它送到相应的 9 个移相器去的射频发射脉冲信号的内置相位值、功率幅度档次、加权 dB 值及耦合状况列出,如表 12.4 所示。

表 12.4　1∶9 不等功率分配合成器 A 输出信号特性

所接移相器号	内置相位	功率幅度档次	加权 dB 值	耦合状况
9	0°	2	−5.8	一次直通
3	+90°	4	−11.3	一次交指耦合
15	0°	1	−4.39	未经交指耦合器
8	−90°	3	−8.3	二次直通
2	0°	5	−16.8	一次直通、一次交指耦合
7	−90°	5	−16.8	一次交指耦合、一次直通
1	0°	6	−21.21	二次交指耦合
13	0°	4	−11.3	一次交指耦合
14	−90°	2	−5.8	一次直通

各输出端输出的信号都经过二次功分,与输入端信号相比,功率幅度值都减小了,所以功率幅度各档次的 dB 数均为负值。内置相位值除了经交指耦合导前 90°之外,就是由配相微带的长度(按微带波长数)决定。表 12.4 中所接移相器的编号与天线阵中阵元的编号是一一对应的。

其余 3 个 1∶9 不等功率分配合成器的结构和工作原理与上相同。

2)移相网络

移相网络共有 4 个,每个移相网络各有 2 个输入端口,一个是射频发射脉冲信号的输入端口,另一个是波控码、BIT 码、移相器电源的输入端口。4 个 1∶9 不等功率分配合成器与相应的 4 个移相网络相连接,分别将不同功率等级的射频发射脉冲信号加到各个移相网络中相应的 9 个移相器;波控盒的 4 路输出,分别与相应的 4 个移相网络相连接,分别将不同数据的波控码、移相器电源电压以及 BIT 码加到各个移相网络中相应的 9 个移相器。各移相器在这双重控制作用下,完成对射频发射脉冲信号的移相作用,从而保证波束方向扫描功能的实现。

a. 移相器的结构及工作原理

雷达天线馈线分系统中共有 36 个移相器,其结构及工作原理示意图如图 12.34 所示。由图可见,每一个移相器共有 7 段微带传输线段,它们的长度分别为 $L_1 \sim L_7$,其中 L_2 比 L_3 长 1/2 微带工作波长;L_5 比 L_6 长四分之一微带工作波长。L_1、L_4、L_7 通过高频扼流圈接 +5 V 直流电源;L_2、L_3、L_5、L_6 通过高频扼流圈接 -50 V 直流电源。每个移相器中共有 4 对(8 个)晶体三极管作为开关管。其中 V_1、V_4、V_5、V_8 为 NPN 型管,V_2、V_3、V_6、V_7 为 PNP 型管。在它们的基极分别接有 8 个偏置电阻 $R_1 \sim R_8$。$V_1 \sim V_8$ 这 4 个对管的基极与发射极之间平时电位相同,置于零偏,均不导通。

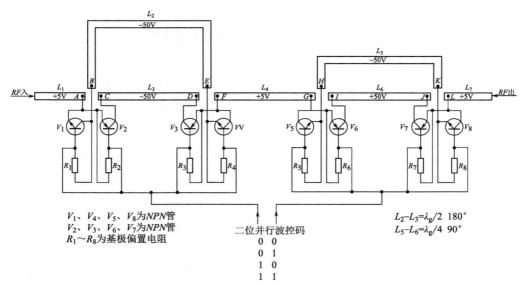

图 12.34　移相器的结构及工作原理示意图

当雷达发射时,按一定功率加权的射频发射脉冲加到微带传输线段 L_1 的左端,与此同时,来自波控盒的、与发射脉冲时间上同步,宽度相当于脉冲重复周期的二位并行波控码也分别加到 $V_1 \sim V_4$ 和 $V_5 \sim V_8$ 各对管的基极。波控码 0 为低电平,1 为高电压。在二位并行波控码的控制下,8 个开关管分别控制微带传输线段之间的连接点的通断状况如表 12.5 所示。

表 12.5　波控码通过开关管控制连接点的通断状况

开关管位号	连接点		波控码	
			0	1
V_1	A	B	×	√
V_2	A	C	√	×
V_3	D	F	√	×
V_4	E	F	×	√
V_5	G	H	×	√
V_6	G	I	√	×
V_7	J	L	√	×
V_8	K	L	×	√

注:×表示断;√表示通

当二位并行波控码"0　0"加到移相器时,$V_1 \sim V_8$ 各管基极输入低电平,V_1、V_4、V_5、V_8 截止,而 V_2、V_3、V_6、V_7 导通,于是输入发射脉冲按下述路径从微带传输线段 L_7 右端输出:

$L_1 \rightarrow A \rightarrow V_2 \rightarrow C \rightarrow L_3 \rightarrow D \rightarrow V_3 \rightarrow F \rightarrow L_4 \rightarrow G \rightarrow V_6 \rightarrow I \rightarrow L_6 \rightarrow J \rightarrow V_7 \rightarrow L \rightarrow L_7$

发射脉冲只经过 L_1、L_3、L_4、L_6、L_7 这 5 段微带传输线段。

当二位并行波控码"0　1"加到移相器时,开关管 V_1、V_2、V_3、V_4 基极输入低电平,V_1、V_4 截止,V_2、V_3 导通;开关管 V_5、V_6、V_7、V_8 基极输入高电平,V_5、V_8 导通,V_6、V_7 截止。于是发射脉冲经过 L_1、L_3、L_4、L_5、L_7 这 5 段微带传输线段输出。由于 L_5 的长度要比 L_6 长四分之一微带工作波长,比之于波控码为"0　0"时,发射脉冲在行程上要多走四分之一波长,在相位上就要滞后 90°。

当二位并行波控码"1　0"加到移相器时,开关管 V_1、V_2、V_3、V_4 基极输入高电平,V_1、V_4 导通,V_2、V_3 截止;开关管 V_5、V_6、V_7、V_8 基极输入低电平,V_5、V_8 截止,V_6、V_7 导通。于是发射脉冲经过 L_1、L_2、L_4、L_6、L_7 这 5 段微带传输线段输出。由于 L_2 的长度要比 L_3 长 1/2 微带工作波长,比之于波控码为"0　0"时,发射脉冲在行程上要多走二分之一波长,在相位上就要滞后 180°。

当二位并行波控码"1　1"加到移相器时,$V_1 \sim V_8$ 各管基极输入高电平,V_1、V_4 导通,V_2、V_3 截止,V_5、V_8 导通,V_6、V_7 截止。于是发射脉冲经过 L_1、L_2、L_4、L_5、L_7 这 5 段微带传输线段输出,在相位上比之于波控码为"0　0"时,就要滞后 270°。

波控盒在向每一个移相器送入二位波控码的同时,还采集了移相器的故障检测信号、即一位移相器 BIT 码。实际上每个移相器都在其某一微带传输线段的旁边设置一个与线段并行的微带耦合圈(这在图 12.34 中没有画出),在有射频脉冲信号输入、移相器正常工作时,耦合圈耦合出一部分射频能量,传输到波控盒内的波控模块印制电路板上设置的检波器,经检波后,在负载电阻上产生一电压降,呈现高电平,这就是一位移相器 BIT 码"1",表示工作正常。如果移相器中的任何一只晶体管坏了,或者移相器中有焊接点虚脱,……射频脉冲信号就不能通过移相器,检波器负载电阻上将无电压,呈现低电平,一位移相器 BIT 码为"0",表示移相器故障。该信号经波控模块印制电路板上的 FPGA 处理后,最终报监控分系统。

雷达接收时,回波脉冲按前述同样路径的相反方向传输。

b. 波控码的编制依据

前已提及,雷达微带贴片天线阵的 36 个阵元是按由上向下、由右向左的顺序编号,排列成方形的天线阵,其南北向对角线朝上方向为方位角真北方向。雷达发射中波束时,为使波束最大值指向天顶,要求 36 个阵元辐射的射频发射脉冲信号的相位相同,例如均为 0°。这就要求每个移相器在考虑到对其内置相位值补偿的基础上,由波控码确定其最终相移值。图 12.35 为发射中波束时各移相器的工作状态示意图。如图中第 8 号阵元所接的第 8 号移相器,由 1:9 不等功率分配合成器送给它的射频发射脉冲信号的相位为 -90°,这就是该移相器的内置相位。那么,为使其最终相位为 0°,应使 8 号移相器此时对信号移相 -270°,也就是加给它的二位并行波控码应为"1 1"。又如 3 号移相器的内置相位为 +90°,那么,加给它的二位并行波控码应为"0 1",使信号移相 -90°,如此等等。

图 12.36 为发射东、西波束时各移相器的工作状态示意图。先讨论该图上半部分。为使波束最大值指向偏向东、发射东波束,应使自西向东、即从左至右、各垂直列的阵元所发射的射频脉冲信号的相位,每隔一列依次滞后 90°,而同一垂直列的相位值相同。如图 12.36 上半部分中,左右居中的一列的第 1、8、15、22、29、36 号各阵元发射信号的相位相同,均为 0°;第 4、11、18 号各阵元发射信号的相位相同,均为 -270°。波控盒收到来自监控分系统的东波束方向控制信号后,它输出给 36 个移相器的二位并行波控码,是在考虑到各移相器的内置相位值的前提下,使各垂直列的移相器,各移相规定的角度值,满足上述要求。

图 12.36 下半部分表明,为使波束最大值指向西、发射西波束,应使自东向西、即图中从右至左、各垂直列的阵元所发射的射频脉冲信号的相位,每隔一列依次滞后 90°,而同一垂直列的相位值相同。

图 12.37 为发射南、北波束时各移相器的工作状态示意图,先看该图上半部分。为使波束最大值偏向南、发射南波束,应使自北向南、即图中从上到下各水平行的阵元所发射的射频脉冲信号的相位,每隔一行,依次滞后 90°,而同一水平行的相位值相同。如图 12.37 上半部分中,上下居中的一行的第 6、11、16、21、26、31 号各阵元,发

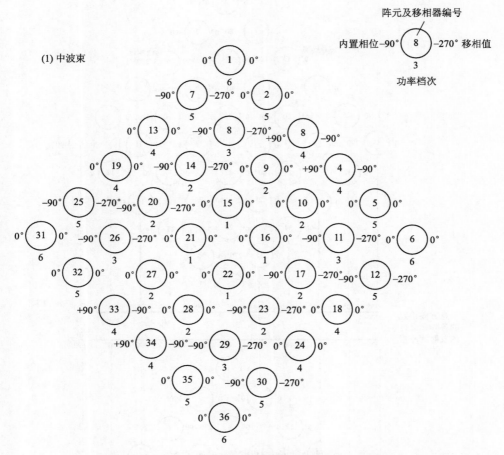

图 12.35　发射中波束时各移相器的工作状态示意图

射信号的相位相同,均为 0°,它下面的一行,第 12、17、22、27、32 号各阵元发射信号的相位相同为−90°,滞后其上面一行 90°。

　　图 12.37 下半部分表明,为使波束最大值指向北、发射北波束,应使自南向北,即图中从下到上,各水平行的阵元所发射的射频脉冲信号的相位,每隔一行,依次滞后 90°,而同一行的相位值相同。

　　根据对图 12.35—图 12.37 的分析,可归纳列出发射各方向波束的波控码如表 12.6 所示。

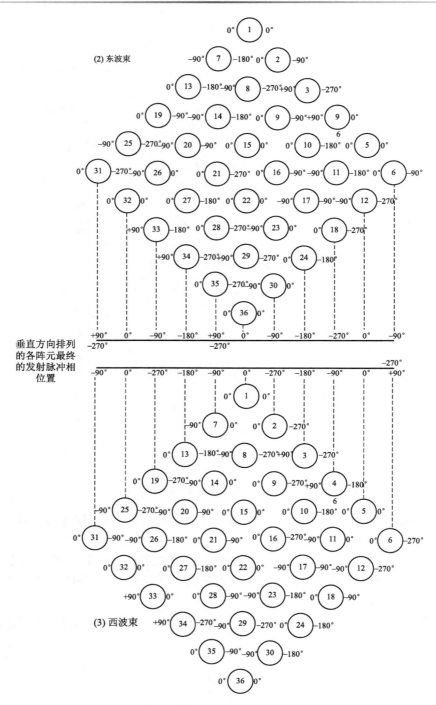

图 12.36 发射东、西波束时各移相器的工作状态示意图

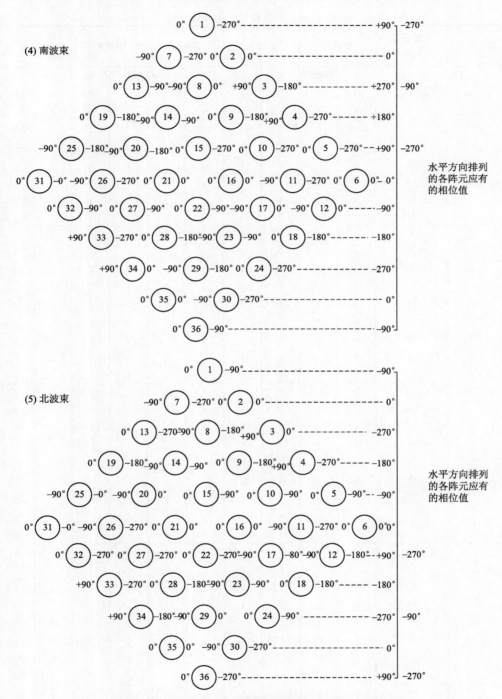

图 12.37　发射南、北波束时各移相器的工作状态示意图

表 12.6　各方向波束的波控码表

移相网络	移相器和阵元编号	中波束		东波束		西波束		南波束		北波束	
A	1	0	0	0	0	0	0	1	1	0	1
	2	0	0	0	1	1	1	0	0	0	0
	3	0	1	1	1	1	1	1	0	0	0
	7	1	1	1	0	0	0	1	1	1	1
	8	1	1	1	1	1	1	0	0	1	0
	9	0	0	0	1	1	1	1	0	1	0
	13	0	0	1	0	1	0	0	1	1	1
	14	1	1	1	0	0	0	0	1	0	1
	15	0	0	0	0	0	0	1	1	0	1
B	4	0	1	0	0	1	0	1	1	1	1
	5	0	0	0	0	0	0	1	1	0	1
	6	1	1	0	1	1	1	0	0	0	0
	10	0	0	1	0	1	0	1	1	0	1
	11	1	1	1	0	0	0	1	1	1	1
	12	1	1	1	1	1	1	0	0	1	0
	16	0	0	0	1	0	1	0	0	0	0
	17	1	1	0	1	0	1	0	0	1	0
	18	0	0	1	1	0	1	1	0	1	0
C	19	0	0	0	1	1	1	1	0	1	0
	20	1	1	0	1	0	1	1	0	0	0
	21	0	0	1	1	0	1	0	0	0	0
	25	1	1	1	1	1	1	1	0	0	0
	26	1	1	0	0	1	0	1	1	1	1
	27	0	0	1	0	1	0	0	1	1	1
	31	0	0	1	1	0	1	0	0	0	0
	32	0	0	0	0	0	0	0	1	1	1
	33	0	1	1	0	0	0	1	1	1	1
D	22	0	0	0	0	0	0	0	1	1	1
	23	1	1	0	0	1	0	0	1	0	1
	24	0	0	1	0	1	0	1	1	0	1
	28	0	0	1	1	0	1	1	0	1	0
	29	1	1	1	1	1	1	1	0	0	0
	30	1	1	0	0	1	0	1	1	1	1
	34	0	1	1	1	1	1	0	0	1	0
	35	0	0	1	1	0	1	0	0	0	0
	36	0	0	0	0	0	0	0	1	1	1

12.3.2　相控阵天气雷达

相控阵天气雷达通常采用一维相扫天线,在水平面上、即方位上沿用传统的机械扫描;垂直面上、即俯仰上采用电子相控扫描。在我国初期使用的相控阵天气雷达中有采用无源相控阵的,时至今日,已全部采用有源相控阵。

12.3.2.1　概述

12.3.2.1.1　功能特点

相控阵天气雷达主要通过控制阵列天线中辐射单元激励信号的馈电相位,来改变波束(方向图)的指向,从而实现波束电扫描和方向图形状的自适应控制,使雷达天线扫描和资料收集时间由 6 min 缩短至 1 min 之内,能在足够短的时间内观测迅速演变的天气事件。由于相控阵天气雷达的工作波段与机械扫描天气雷达的相同,处于 S、C、X 波段,所以在电磁波与天气目标降水粒子群之间的相互作用方面同样符合米散射和瑞利散射特性。

相控阵天气雷达的快速扫描能力有利于雷达迅速准确地监测、预警下击暴流和微下击暴流等灾害性天气。通常机械扫描天气雷达对探测空域完成一次立体扫描至少需要 5～10 min,而下击暴流、微下击暴流等恶劣天气现象的生命史通常不到 10 min。因此机械扫描天线严重制约了天气雷达对此类瞬变灾害性天气的监测取样时效。目前一维相扫相控阵天气雷达仅做一周方位机械扫描,便可获取低层大气中三维立体风场数据,体扫时间可缩短到 1 min,并且采样层次增多,时间和空间分辨率大为提高,能轻而易举地完成对 10 min 以内的瞬变微小尺度灾害性天气的监测任务。

此外,相控阵天气雷达更有利于探测微弱的气象目标。它可以形成多个波束,用以跟踪已发现的多个小尺度天气目标的演变;用一个宽波束搜索较大范围内新发生的天气情况。对于微弱的天气目标(如晴空湍流)可以采用长波束驻留期和高重复频率的照射,以获取较大的回波能量,提高天气雷达对微弱目标的探测灵敏度。

鉴于当前使用的相控阵天气雷达全都不采用无源相控阵,因此,下面只介绍有源相控阵天气雷达的结构特点和基本工作原理,而其内容并不针对某一型号的实际装备,而是参考众多的不同波段、不同型号装备的实际资料,择取其具有共性特点的内容予以介绍。

12.3.2.1.2　组成及概略工作过程

有源相控阵天气雷达的基本原理示意框图如图 12.38 所示。与传统机械扫描天气雷达相比,主要差别在于天线馈线分系统。其发射分系统采用分布式空间功率合成固态发射机,以多辐射单元相控阵的空间功率合成技术获取高发射功率。图 12.38 中没有画出伺服和电源分系统方框,但它们是存在的。只是相控阵天气雷达的伺服分系统仅用来控制和驱动相控阵天线作方位转动而已。

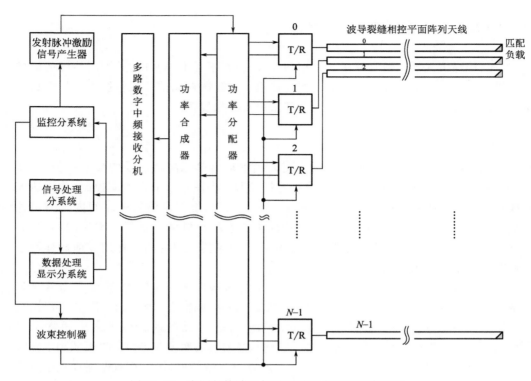

图 12.38　有源相控阵天气雷达的基本原理示意框图

　　有源相控阵天气雷达的天线馈线分系统中,采用了相控平面阵列天线,设置了波束控制器。相控平面阵列天线是一种以波导裂缝作为天线辐射单元(阵元)的波导裂缝阵列天线。通常是在一根标准型矩形波导的窄壁上、有规则地开有许多个(例如32 个、64 个、104 个等)切断壁上电流的倾斜缝。每个倾斜缝就是一个辐射单元,并且在每一根矩形波导的末端都接有匹配负载。于是,这一根矩形波导就构成一个波导裂缝线阵,同一个线阵中的所有辐射单元所辐射的电磁波的相位是相同一致的。在平面上将 N 个波导裂缝线阵自上而下、按一定的间距有规则地按编号从 $0 \sim N-1$ 依次排列就构成了波导裂缝面阵,也就是波导裂缝相控平面阵列天线,如图 12.38 右部所示,可以表示此时天线的方位角为 $180°$,阵列天线的阵面朝南。由图可见,每一个波导裂缝线阵都在其矩形波导的始端连接一个 T/R 收发组件,每个 T/R 组件中都设置了固态发射机的功放模块和接收机的前端、即限幅器和低噪声射频放大器,以及收、发分时使用的数字移相器等主要器件。其中数字移相器就是用来控制波导裂缝阵列天线中辐射单元发射脉冲激励信号馈电相位的器件,它在波控码的控制下,决定发射脉冲激励信号相位的偏移量。图 12.38 中,0 号 T/R 组件中的 0 号数字移相器、在波控码的控制下,决定了 0 号线阵中所有裂缝(辐射单元)所辐射的发射脉冲电磁波的相位,其值是相同一致的。1 号至 $N-1$ 号各线阵的工作状态都如同 0 号线阵。当然,不同号的线阵所辐射发射脉冲电磁波的相位值,都是由来自波束控制器的波控码所决定。可以说,波束控制器通过其输出的波控码,控制相控阵天线面阵上各 T/R 组件中所有数字移相器的相移量,从而实现天线波束指向在一定范围内快速、无惯性地作电扫描。其基本原理可以图 12.39 来说明。该图是在天线的方位角为 90°,相控平面阵列天线的阵面朝东的状态下给出的。图中 0 号至 $N-1$ 号各线阵中,上、下相邻的两线阵之间的距离为 d_y。如果各线阵辐射的发射脉冲电磁波的相位相同时,那么整个面阵辐射的发射脉冲电磁波的波阵面、即等相位面处于面阵阵面的法线方向,也就是发射波束最大指向在阵面的法线方向,此时发射波束的仰角为 0°。

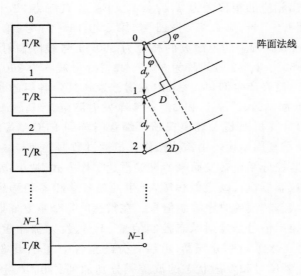

图 12.39　相控阵天线原理示意图

如果要使波束最大指向向上、处于相对于阵面法线的 φ 角方向上,也就是使发射波束的仰角为 φ°,那么以 0 号线阵辐射的电磁波的相位为基准时,1 号线阵辐射的电磁波要比 0 号的在行程上多走一段距离 D,$D=d\sin\varphi$,将这段空间行程差乘以 $2\pi/\lambda$、转换成空间相位差 φ,其值为

$$\phi = \frac{2\pi}{\lambda} \cdot d \sin\varphi \tag{12.8}$$

式中,λ 为发射脉冲信号的波长。

从 0～$N-1$ 号移相器中,上、下相邻两移相器之间,只要阵内馈电相位以 0 号移相器的馈电相位为基准,依次导前 ϕ 值,使上、下相邻两线阵中,处于下方的线阵所辐射的电磁波相位要导前处于上方的线阵所辐射的电磁波相位,导前值为 ϕ,也就是其阵内相位差为 ϕ。这样阵内相位差正好补偿了行程上多走一段距离 D 所导致的空间相位差 ϕ,从而使上、下相邻的两线阵所辐射的电磁波,在阵面法线的 φ 角方向上,相位相同,构成等相位面,使发射波束的仰角为 $\varphi°$。

设该相控阵天线由 32 个线阵构成,即 $N=32$,上、下相邻两线阵之间的距离 $d_y=\lambda/2$。为使发射波束的仰角 $\varphi=30°$,根据式(12.8),求得相位差 $\phi=90°$。则当 0 号线阵辐射的电磁波的相位为 360° 时,1 号线阵辐射的电磁波的相位应导前其 90°,为 270°;2 号线阵为 180°;3 号线阵为 90°;4 号线阵为 0°……之后编号的线阵依此类推循环,31 号线阵辐射的电磁波的相位为 90°。这样,该相控阵天线产生的发射波束的仰角为 30°。

若要该相控阵天线产生 4 个发射波束,它们的仰角分别为 ϕ_1、ϕ_2、ϕ_3 和 ϕ_4,根据式(12.8),分别得出相应的相移量为 ϕ_1、ϕ_2、ϕ_3 和 ϕ_4。只需将 32 个线阵分为 4 组,每组 8 个。第 1 组 0~7 号;第 2 组 8~15 号;第 3 组 16~23 号;第 4 组 24~31 号。以第 1 组为例;0 号线阵辐射的电磁波的相位为 360°;1 号线阵辐射的电磁波的相位要导前其 $\phi_1°$,为 360°~$\phi_1°$;2 号线阵为 360°~2$\phi_1°$;3 号线阵为 360°~3$\phi_1°$,…,7 号线阵为 360°~7$\phi_1°$,最终产生仰角为 $\phi_1°$ 的发射波束。其余各组的状况依此类推,从而产生了仰角分别为 $\phi_1°$,$\phi_2°$,$\phi_3°$,和 $\phi_4°$ 的 4 个发射波束。

波束控制器由计算机或超大规模现场可编程门阵列 FPGA 等组成,功能强大。在天气雷达的每个重复周期接受由雷达操作人员通过数据处理与显示分系统的终端计算机发出的,经监控分系统转发而来的有关雷达工作方式、波束指向等指令。根据不同的指令,波束控制器执行既定的程序,产生控制各移相器相移量的波控码,以及控制移相器收、发状态转换的时序控制信号。在雷达的每个重复周期的开始,监控分系统发出的收、发控制信号是发射状态控制信号,于是,发射脉冲激励信号产生器将发射脉冲激励信号送入等功率分配器,由后者分配至各个 T/R 组件。与此同时,波束控制器将发射控制信号和发射状态的波控码分别加到各 T/R 组件中的波控驱动器;由其分别送至组件中的收发控制开关和数字移相器。这样,发射脉冲激励信号在各个 T/R 组件中、经过各自的数字移相器完成规定的相移量后,经过固态功率放大,以足够的功率由 N 个波导裂缝线阵各自按波控码控制的相移量,以电磁波的形式向空间辐射,在空间完成发射功率合成,形成一定指向的发射波束。根据天气雷达工作方式的需要,发射波束可以是一个或者是若干个。待发射脉冲结束后,监控分系统发出接收状态控制信号,与此同时,波束控制器将接收控制信号和接收状态的波控码分别加到各 T/R 组件中的波控驱动器;由其分别送至组件中的收发控制开关和数字移相器。在发射波束覆盖范围内,如果发射脉冲电磁波遇到气象目标,就有回波脉冲被天线接收。回波脉冲信号在 T/R 组件中,经限幅器保护和低噪声射频放大器放大后、送至数字移相器。在各个 T/R 组件中,经过各自的数字移相器完成规定的相移量后、送至功率合成器,经功率合成后的回波脉冲信号送至数字中频接收分机。当雷达采用多波束发射和多波束接收的探测方式时,比如用 4 个发射波束和 4 个接收波束探测时,波束控制器向各移相器提供的发射状态波控码和接收状态波控码是相同的。在这种探测方式下,32 个 T/R 组件相应地分成 4 组,每组 8 个。4 个发射波束产生的过程之前已经讨论过了。根据天线互易定律接收时,4 个接收波束也如同 4 个发射波束一样,分别由 4 组 T/R 组件产生,它们分别与 4 个 8∶1 功率合成器相接,这 4 个功率合成器则分别将 4 个接收波束接收到的回波脉冲信号送至 4 路数字中频接收分机。后者将回波脉冲信号由模拟信号转换为数字信号送至信号处理分系统。之后的信号流程一如之前讨论过的天气雷达中的信号流程完全相同,不再重复。

也有的相控阵天气雷达采用单波束发射,多波束接收的探测方式,比如用一个发射波束和 4 个接收波束。发射波束的水平波束宽度为 1.57°;垂直波束宽度为 12°。4 个接收波束的水平波束宽度与发射波束一样,为 1.57°;而垂直波束宽度为 3.12°,其示意图如图 12.40 所示。由图可见,4 个接收波束完全覆盖了发射波束。波束控制器能根据这种探测方式的要求,向 32 个移相器送出相应的发射状态和接收状态波控码,以满足探测要求。

在图 12.38 所示的有源相控阵天气雷达的基本原理示意图中,发射脉冲激励信号产生器和数字中频接收分机,分别与脉冲多普勒天气雷达中的激励源和数字中频接收分机相同;功率分配器和功率合成器,与相控阵风廓线雷达中的功率分配、合成器相同;波束控制器的功能已作说明。以上内容不再重复。下面将着重介绍波导型缝阵列天线和 T/R 组件的结构和基本工作原理。

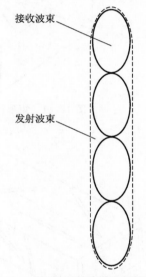

接收波束

发射波束

图 12.40　单波束发射多波束接收探测方式的波束示意图

12.3.2.2　波导裂缝阵列天线

在本章 12.3.1 相控阵风廓线雷达中介绍了以微带贴片作为天线辐射单元的微带贴片阵列天线的基本工作原理。当前在用的相控阵天气雷达中也有采用微带贴片的,但是更多的是采用一种以波导裂缝作为天线辐射单元的波导裂缝阵列天线作为相控阵天线。原因就在于波导裂缝阵列天线具有结构紧凑、重量轻、加工方便、成本低、增益高和容易实现低副瓣要求等显著优点。

12.3.2.2.1　基本概念

波导裂缝阵列天线是指在矩形波导宽壁或窄壁上开有切断壁上电流的裂缝的天线。这种天线的辐射单元(阵元)就是波导裂缝。波导裂缝必须切割波导内壁表面电流,才具有辐射功能。图 12.41 为矩形波导中传输 TE_{10} 型波时的表面电流分布示意图。根据该图,可以分析得到具有辐射功能和不具有辐射功能的波导裂缝,如图 12.42 所示。

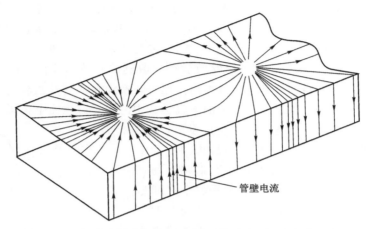

图 12.41 矩形波导传输 TE_{10} 型波时内壁表面电流分布示意图

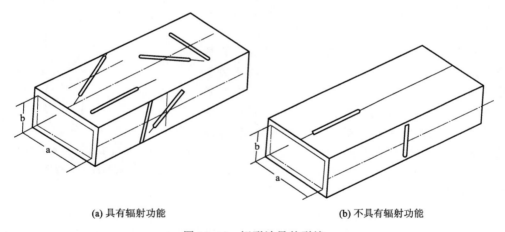

(a) 具有辐射功能   (b) 不具有辐射功能

图 12.42 矩形波导的裂缝

常用的具有辐射功能、作为辐射单元的裂缝有波导宽边偏置缝,波导宽边倾斜缝和波导窄边倾斜缝三种。在一段波导上规则地排列多个裂缝,便可构成波导裂缝线阵,图 12.43(a)为波导宽边偏置裂缝线阵,图 12.43b 为波导宽边倾斜裂缝线阵,图 12.43c 为波导窄边倾斜裂缝线阵的示意图。相邻裂缝之间的距离,通常约为 $\lambda_g/2$。在平面上将波导裂缝线阵按一定的间距排列,就构成波导裂缝面阵,这就是波导裂缝阵列天线。图 12.44 为一波导宽边偏置裂缝阵列天线的示意图。

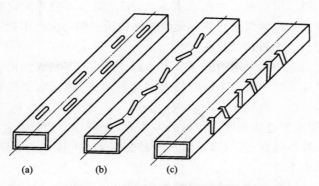

图 12.43 3种波导裂缝线阵示意图

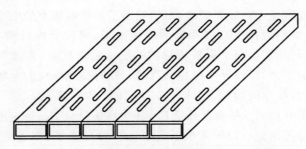

图 12.44 波导宽边偏置裂缝阵列天线示意图

在波导裂缝线阵的波导内,每隔 $\lambda_g/2$ 距离,波导内壁表面电流的相位要反一次,因此,相邻纵向偏置缝应开在波导宽边中心线的两侧,相邻纵向倾斜缝(包括波导宽边倾斜缝和波导窄边斜缝)的倾斜角度应反号,只有这样才能使线阵中的所有裂缝辐射的能量同相传输。

根据裂缝间距和馈电方式的不同,波导裂缝阵列天线可分为驻波阵(谐振阵)和行波阵(非谐振阵)两种。

采用端馈(端点馈电)或中馈(中端馈电),且终端短路的波导裂缝线阵,当裂缝间距 d_x 为 $\lambda_g/2$ 时,波导内的电场分布呈驻波状态,称为驻波阵。行波阵是指波导的始端注入激励信号,终端接匹配负载以吸收剩余功率的波导裂缝线阵。这种天线的裂缝间距 d_x 通常 $<\lambda_g/2$,并且通常选用波导窄边倾斜缝作为辐射单元。这种形式的天线,每根波导上的裂缝数目一般比较多,例如 32、64、104 个,每个裂缝的辐射较小,因此对波导内传输场的影响不大,波导内的传输仍然接近行波传输规律,所以被称为行波阵。

波导窄边倾斜缝行波阵天线作为一种平板天线,在制作时采用高精度数控机床加工波导腔体和辐射裂缝,然后整体焊接成型,其所有辐射裂缝均处于同一平面,天线结构紧凑,重量轻,机械强度大而成本适当,据此成为相控阵天气雷达中采用的首选天线型制。波导窄边倾斜缝行波阵天线的结构示意图可参见本章图12.34。

12.3.2.2.2 裂缝的辐射特性

相控阵天气雷达中所采用的波导窄边倾斜缝行波阵平板天线所辐射的电磁波是水平极化波。平板天线中每一个波导裂缝即辐射单元(阵元),工作时辐射的电磁波中的主极化波都是水平极化波。

在设计中,要求裂缝的长度为半波长左右,由于波导窄边尺寸比半波长小得多,因此裂缝常切入波导的宽边,以满足要求的谐振长度。上述切入部分对工作的影响,在设计中往往忽略不计。

图12.45为波导窄边倾斜缝的倾斜角θ_s的定义示意图。在波导的轴线上,裂缝长度方向和波导窄边之间的夹角θ_s被定义为波导窄边倾斜缝的倾斜角。

开在矩形波导窄壁上的倾斜裂缝,由于截断了波导窄壁上的电流,在裂缝上就会呈现交变电荷,从而感应产生向外侧辐射的电磁场,将波导内行波电磁场传输的能量,通过裂缝向空间辐射。每个裂缝所辐射的能流密度矢量、即坡印亭矢量S,其方向是与裂缝所处的平面,即波导窄壁相垂直的。此时裂缝感应的电场矢量E_r垂直于裂缝长度方向,它与波导的轴线、即水平方向之间,成θ_s夹角,如图12.46所示。该电场可分解为水平分量E_m和垂直分量E_c,其中水平分量E_m是主极化分量,它正是水平极化波导窄边倾斜缝行波阵天线所需要的口径分布率;而垂直分量E_c,则是不需要的交叉极化分量,会造成能量损失,应设法予以抑制。根据电场水平分量E_m的方向和坡印亭矢量S的方向,按右手螺旋定则:右手伸直、四指并拢、拇指张开,先用掌心迎接电场E_m,将拇指指向坡印亭矢量S的方向,然后掌心螺旋转动90°,迎接的就是与电场E_m相差90°的感应磁场H_m的方向。

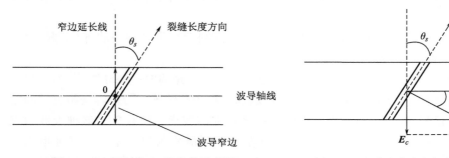

图12.45 倾斜角θ_s的定义示意图   图12.46 裂缝感应电场矢量示意图

在波导的壁厚、窄壁尺寸、裂缝尺寸一定以及电磁波的频率和裂缝中心处的电流密度一定的条件下,裂缝辐射的强弱决定于裂缝在电流线垂直方向投影的长度。图12.47a中的裂缝倾角θ_{s1}小于图12.47b中的裂缝倾角θ_{s2},裂缝a在电流线垂直方

向投影的长度 L_1 短于裂缝 b 投影的长度 L_2。可见,裂缝的倾角越大,辐射越强。在设计中,通过控制各个波导裂缝线阵中各裂缝的倾角 θ_s 的大小,就可以对整个天线口径幅度分布作一定深度的加权处理,通常在线阵两端,特别是输入端,裂缝倾角 θ_s 设计得非常小,可能在 1°以下,只是在线阵中部,裂缝倾角 θ_s 较大,而全阵的裂缝倾角平均不超过 10°。

图 12.47　裂缝倾角 θ_s 决定裂缝的辐射强度示意图

由于感应电场的交叉极化分量会造成能量损失,并且它也会形成辐射波瓣。一般雷达都希望副瓣区的交叉极化波瓣电平应尽可能地低于主极化副瓣电平。为此,可以将波导窄边倾斜缝行波阵天线的面阵中每一行裂缝线阵中的裂缝倾角 θ_s 正负配置,也就是将线阵中左、右相邻两个裂缝的倾角相反配置;同时将面阵中每一列中上、下相邻的两个裂缝的倾角同样相反配置,如图 12.48 所示。由于上、下相邻两行线阵之间的间距 d_y 约为 $\lambda_g/2$;每一行线阵中左、右相邻的两个裂缝之间的距离 d_x 同样约为 $\lambda_g/2$,因此馈电时,在上述上、下与左、右裂缝之间的激励信号是反相的。于是裂缝感应的电场水平分量,即主极化分量是同相的,而交叉极化分量则都是反相的,从而受到抑制。同时,由图 12.48 可见,在上、下两行线阵之间,加装了 $\lambda/4$ 扼流槽,槽口的阻抗,理论上为无穷大,可以将交叉极化电平下降 23 dB 以上。

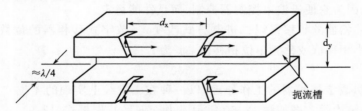

图 12.48　抑制交叉极化分量的部分措施示意图

12.3.2.3　T/R 组件

T/R 组件的组成示意图如图 12.49 所示。前已说明其概略工作过程。其中波控驱动器用来将来自波束控制器的波控码,送至移相器;将收发控制信号,按接收、发分时、分别加到处于数字移相器输入、输出端的收发控制开关,保证组件中的收发共用信号通道,不仅在发射状态而且在接收状态下,都是严格地单向工作的。

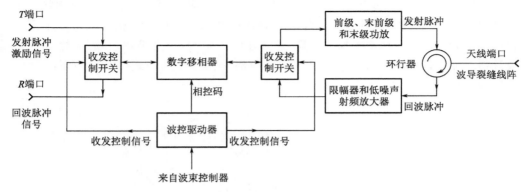

图 12.49　T/R 组件的组成示意图

T/R 组件通过 4 个端口与有关电路连通。其中 T 端口与功率分配器相接,雷达发射时,由发射脉冲激励信号产生器送出的激励信号,经功分后由此输入。R 端口与功率合成器相接,雷达接收时将回波脉冲信号由此分送至多路数字中频接收分机。天线端口通过环行器将发射脉冲送至波导裂缝线阵。第 4 个端口与波束控制器相接。

T/R 组件中的移相器是相控阵天线实施电扫描的关键器件之一。在实用中不仅要求它能控制发射脉冲激励信号相位改变的绝对值,还要求在不同工作状态下引起信号的幅度和相位变化小而且均匀。因此,移相器应具有足够的移相精度并且性能稳定,插入损耗小,用于发射时,要有足够的功率容量,工作惯性小,易于控制等。移相器的种类很多,按使用的器件来分,有二极管移相器,铁氧体移相器,FET 移相器,微电子机械系统(Micro-Electro-Mechanical Systems,MEMS)移相器等。按控制信号的模式来分,有模拟式和数字式等。通常都是采用以数字信号进行控制的数字式移相器,因为它便于波束控制器控制,而且性能稳定。

数字式移相器的相移量以二进制方式改变,当数字式移相器的位数为 K(正整数)时,其最小相移值或称为单位相移值 $\Delta\varphi$ 为

$$\Delta\varphi = 360°/2^K \qquad (12.9)$$

为了说明数字移相器的工作原理,以一种在微带线上实现的 4 位二极管数字移相器为例,其结构示意图如图 12.50 所示。由于 K=4,根据式(12.9),该移相器的单位相移值 $\Delta\varphi=22.5°$。4 位数字移相器用 4 个移相数值不同的移相单元串联组成。前一位移相值是后一位移相值的两倍,也就是由移相值分别为 22.5°、45°、90° 和 180° 的 4 个移相单元串联组成,如图 12.51 所示。图中的开关代表 PIN 二极管电路。每个移相单元受二进制数字信号中的 1 位控制。例如,波控码为 1010,其中"0"对应的移相单元,其相对应的相移值为 0;而"1"对应的移相单元,其相对应的移相值为该位所表示的数值。因此,图 12.51 中所表示的移相值为:

$$\varphi = 1 \times 180° + 0 \times 90° + 1 \times 45° + 0 \times 22.5° = 225°$$

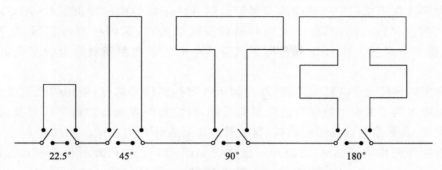

图 12.50　二极管(微带延迟线)移相器结构示意图

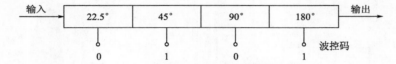

图 12.51　4 个移相单元组成的移相器原理示意图

这种 4 位数字移相器可以从 0°～337.5°,每隔 22.5°取一个值,共有如下 16 个移相状态值:0.0°、22.5°、45.0°、67.5°、90.0°、112.5°、135.0°、157.5°、180.0°、202.5°、225.0°、247.5°、270.0°、292.5°、315.0°、337.5°。可见,数字移相器的相移量(移相值)是跳跃式、离散的,只能是单位相移值 $\Delta\varphi$ 及其整数倍。以上讨论说明,采用数字移相器后,相控阵天线在俯仰方向波束指向的变化也是跳跃式离散的,不像机械扫描雷达,在俯仰方向波束指向的变化是连续而无间隙的。为了使天线波束扫描接近于机械扫描雷达连续转动天线时的状况,需要增加数字移相器的位数 K。例如 $K=6$ 时,根据式(12.10),单位相移值 $\Delta\varphi = 5.625°$,情况便有所改善。

通常移相器是收、发分时共用的,因此移相器的输入、输出端可以互换,那么发射时的相移量与接收时的相移量,只要相控码相同,其值是相同的,因为无论数字移相器的位数 K 是多少,每一位的相控码都是同时加上的,锁定了它的相移量。

相控阵雷达根据其在波束形成机制中所采用的器件的不同,可以分为模拟波束形成(Analogue Beam Forming,ABF)相控阵雷达和数字波束形成(Digital Beam Forming,DBF)相控阵雷达。ABF 雷达采用模拟器件(如移相器)(图 12.38)、功率分配、合成器等来形成波束,以上讨论的有源相控阵天气雷达,就是一种 ABF 相控阵天气雷达。而 DBF 是一种以数字技术来实现波束形成的技术,DBF 雷达采用数字阵列模块(Digital Array Module,DAM),通过数字采样和数字处理,将发射脉冲波形的形成和发射、接收波束的形成融合在一起,从而实现 DBF。

12.3.2.4 DBF 相控阵天气雷达

数字波束形成(DBF)相控阵天气雷达的系统组成与模拟波束形成(ABF)相控阵天气雷达大致相同,都有波束控制器以及信号处理、数据处理与显示、监控、伺服、电源等分系统。在 DBF 相控阵天气雷达中的波束控制器被称为数字波束形成单元。

数字阵列模块 DAM 是 DBF 相控阵天气雷达的核心部件,使用的数量很大,相控阵天线中用了多少个波导窄边倾斜缝线阵,就需要同样数量的数字阵列模块一一对应配置,其数量与设备量的比例,有的雷达甚至达到 70% 以上。

数字阵列模块(DAM)的原理示意框图如图 12.52 中点划线框中所示。DAM 主要由 N 个数字 T/R 组件,N 路直接数字合成器(Direct Digital Synthesizer,DDS),N 路数字中频接收分机,电光转换设备,分布式电源和分布式频率源等部分组成。

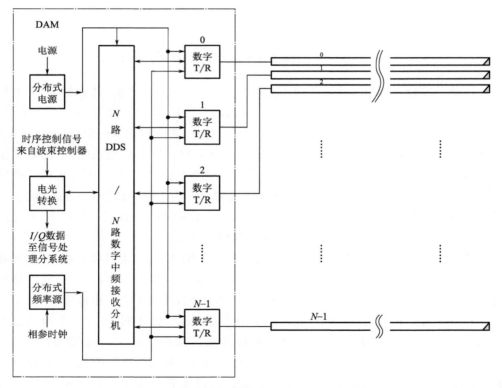

图 12.52 数字阵列模块(DAM)的原理示意框图

DAM 的 N 个数字 T/R 组件的天线端口分别连接 N 个波导窄边倾斜缝线阵。DAM 的分布式电源,从雷达的电源分系统取得电源,分送至 N 路直接数字合成器

DDS 和数字中频接收分机,以及 N 个数字 T/R 组件。DAM 的分布式频率源,在雷达全系统的相参时钟信号统一控制下,在 N 个数字 T/R 组件中控制产生全相参本振信号。雷达的数字波束形成单元为实现数字波束形成所需的各种时序控制信号,通过高速大容量的光纤通信机,用光纤分送至 N 路 DDS。N 路数字中频接收分机输出的数字 I/Q 信号也由高速大容量光纤通信机用光纤送至信号处理分系统和数字波速形成单元。

在数字阵列模块 DAM 中,直接数字合成器 DDS 和数字 T/R 组件是至关重要的两个部件。下面分别讨论它们的结构和基本工作原理。

12.3.2.4.1　直接数字合成器(DDS)

直接数字合成器(DDS)的原理示意框图如图 12.53 所示。它由初始相位寄存器、频率寄存器、加法器Ⅰ、加法器Ⅱ,相位寄存器,正弦查询表,D/A 转换器和低通滤波器等组成。其中加法器Ⅰ和相位寄存器级联构成相位累加器,类似于一个简单的计数器,负责向正弦查询表输出寻址码。各组成部分在时钟信号 f_{clk} 的控制下,协调一致地同步工作。

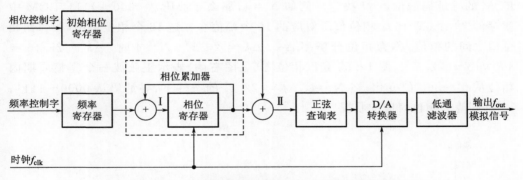

图 12.53　直接数字合成器(DDS)的原理示意框图

DDS 技术是一种先进的频率、相位波形合成技术,它充分利用目前大规模集成电路的快速、低功耗、大容量、体积小的特点,具备了频率分辨率高、相位噪声低、转换迅速等优点,对所提供的信号,在相位、频率和幅值的控制方面有很高的精度。在 DAM 中,用 DDS 对信号的相移功能替代传统的微波数字移相器。它兼备波形生成和波束形成功能,能一并完成数字波束形成。

DDS 中的初始相位寄存器,用来存放由数字波束形成单元送来的相位控制字决定的,最后送至波导窄边倾斜缝线阵的射频发射脉冲信号的初始相位值。

DDS 中的正弦查询表是一个只读存储器(Read-Only Memory,ROM),它用来存储有关正弦波参数的数据。设 DDS 的工作信号为:

$$s(t) = A\sin(2\pi f_c t + \phi_0)$$

式中，f_c 为工作信号的频率，其周期 $T_c = 1/f_c$；A 为工作信号的振幅；ϕ_0 为工作信号的初相。

图 12.54 为工作信号 $s(t)$ 的波形图。正弦波在一周内的多个不同瞬间，它的状态，即大小、方向和变化趋势各不相同。正弦波的瞬时状态称为相位。在一周内，每一瞬时状态都有一定的电角度和它相对应，所以习惯上常用电角度来表示相位，并将其称之为相位角，简称相位。正弦波在 $t = 0$ 起始时刻的相位称为初始相位，简称初相。图 12.54 所示正弦波的初相为零。由图可见，在工作信号一个周期 T_c 之内，相位从 $0° \sim 360°$，每一个相位值都对应一个幅度值（简称幅值）。因此，可以说，正弦波信号是关于相位的一个周期性函数。当相位为 $0°$ 时，幅值为 0；相位为 $45°$ 时，幅值为 0.707A；相位为 $90°$ 时，幅值为最大，等于振幅 A；相位为 $270°$ 时，幅值为 $-A$，如此等等。作为 DDS 中正弦查询表的 ROM，就将不同相位值所对应的幅值数据存储起来，根据相位和幅值确定的一一对应关系，将幅值作为存储的内容，而将相位作为存储器中存储该幅值的地址。ROM 中存储幅值数据的数量，也就是相位点的数量，由 DDS 中相位累加器的寄存器位数 N 决定，也就是由加到 ROM 的寻址码的位数 N 决定。例如 $N = 4$，那么寻址码从 $0000 \sim 1111$，ROM 中就存储 2^N 个、即 16 个相位值所对应的 16 个幅值。在这 16 个相位值中，相邻两相位值之间的差值，称为相位分辨率 $\Delta\phi$，$\Delta\phi = 2\pi/2^N$，$N = 4$ 时，$\Delta\phi = 2\pi/16 = 360°/16 = 22.5°$。图 12.55 是以相位圆（见图右侧）表示正弦波一个完整周期内相位从 $0° \sim 360°$ 的变化，在 $N = 4$、$\Delta\phi = 22.5°$ 的条件下，寻址码从 $0000 \sim 1111$，16 点幅值与相位对应的状况。

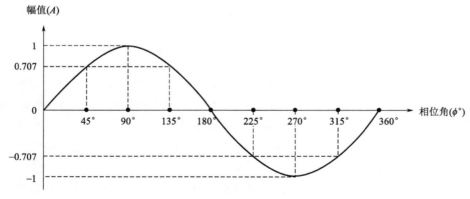

图 12.54　正弦波的相位和幅值关系图

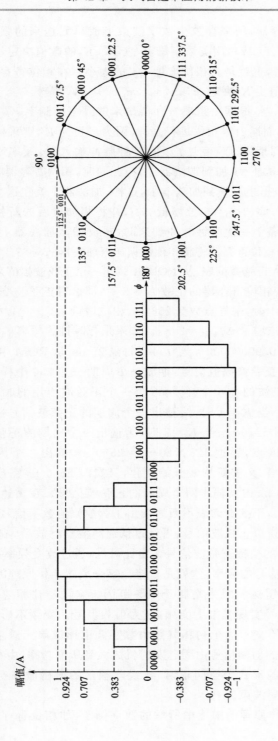

图 12.55 N＝4 时，DDS 中相位码和幅值的对应关系

DDS 中的频率寄存器，用来存放由数字波束形成单元送来的频率控制字（Frequency Control Word，FCW），用英语字母 K 表示。K 的数值决定了相位累加器这个计数器的计数步进值，也就是其相位增量 $\Delta\phi$ 的大小。在相位寄存器的位数 N 确定后，相位增量 $\Delta\phi$ 的值由 K 决定，即 $\Delta\phi=(2\pi/2^N)\cdot K$。

DDS 中的相位累加器，根据由频率寄存器送来的频率控制字 K，以时钟频率 f_{clk} 为采样率，在正弦波 2π 周期内对相位进行采样，因为步长为 K，则采样点数为 $2^N/K$。每当一个频率为 f_{clk}、周期为 $T_{clk}=1/f_{clk}$ 的时钟脉冲输入时，频率寄存器将频率控制字 K 所决定的相位增加 $\Delta\phi$ 加到加法器Ⅰ，与此同时，相位寄存器将上次时钟脉冲输入时所存储的相位数据也反馈到加法器Ⅰ，这样，加法器Ⅰ就在这个相位数据的基础上，累加一个步长 K，即加一个相位增量 $\Delta\phi$，并将相加以后的新相位数据送给相位寄存器存储起来，以备下一次时钟脉冲到来时，再反馈至加法器Ⅰ，继续进行相位累加过程，而与此同时，相位寄存器将新相位数据送至加法器Ⅱ，与来自初始相位寄存器的初始相位相加后，送入正弦查询表，从 ROM 中读出一个正弦波幅值采样值。

假设相位累加器中相位寄存器的位数 $N=8$ 时，那么对正弦波 2π 周期内的采样点数为 $256/K$，当 $K=1$ 时，采样点数为 256 点，相位增量 $\Delta\phi_{k=1}=1.4°$；当 $K=2$ 时，采样点数为 128 点，相位增量 $\Delta\phi_{k=2}=2.8°$。如果采样时钟的频率 $f_{c/k}=50\mathrm{MHz}$，周期 $T_{c/k}=1/50\times10^6=0.00000002\,\mathrm{s}=20\,\mathrm{ns}$。每隔 20 ns，从 ROM 中读出一个采样，ROM 中存的是离散的正弦波幅值信号，存放一个周期一共 256 个样点，所以在读取 ROM 时，读完一个正弦波的 256 个样点，取得一个正弦波所用的时间是固定的，即 $256\times20\,\mathrm{ns}=5120\,\mathrm{ns}$。当 $K=1$ 时，为输出一个周期的正弦波信号需要采样的点数为 $2^N/K=256$ 点，费时 5120 ns；当 $K=2$ 时，为输出一个周期的正弦波信号需要采样的点数为 $256/2=128$ 点，经过 $128\times20\,\mathrm{ns}=2560\,\mathrm{ns}$，输出一个周期的正弦波信号。接着，因为地址溢出，又重新从 0 开始变化，又费时 2560 ns 完成第二个正弦波信号输出，结果在 5120 ns 内共输出两个周期的正弦波信号。在雷达发射时，随着时钟脉冲源源不断地输入，正弦查询表不断地输出正弦波幅值数字信号去驱动数字/模拟转换器，将其转换成模拟正弦波信号，再经过低通滤波器滤波后，成为 DDS 输出的频率为 f_{out}、初相为 ϕ_0 的模拟正弦波信号。由此可见，通过改变频率控制字 K 的值，就可以改变 DDS 输出信号的频率，这就是直接数字合成器工作原理的本质。DDS 能产生的信号的频率，在雷达领域中是属于中频范围。它被送往相应的数字 T/R 组件，在组件中与本振信号实现模拟上变频，成为射频信号。变频不影响初始相位，只是频率升高了，而初相不变。这个初相就是由数字波束形成单元送来的相位控制字决定的 ϕ_0。初相为 ϕ_0 的射频信号由固态发射机放大到所需功率，由相应的波导窄边倾斜缝线阵，以电磁波的形式向空间辐射，各线阵辐射的电磁波在空间完成功率合成，形成指向一定的发射波束。

以上在对 DDS 工作原理的描述中所举的数字例子，如相位寄存器的位数 N 的数值等,前后有所不同,都只为期望读者能便于理解。实际上,在 DBF 相控阵天气雷达中采用的 DDS 芯片中有 N 为 14 位甚至 32 位的相位累加器,时钟频率达 180 MHz、甚至 400 MHz,并且正弦查询表的 ROM 也采用了压缩存储技术等等。在技术细节上有诸多不同,但是基本原理是相同的。

12.3.2.4.2　数字 T/R 组件

数字 T/R 组件的组成示意图如图 12.56 所示。由图可见,数字 T/R 组件模块中包含发射数字波束形成通道和接收数字波束形成通道。雷达发射时,DDS 产生的初相为 ϕ_0 的射频发射脉冲信号,送至模拟功率放大器模块,而这个模块就是一个分布式空间合成有源相控阵雷达固态发射机,它输出的功率放大后的射频发射脉冲信号,经环行器从数字 T/R 组件的天线端口送至与其相接的波导窄边倾斜缝线阵。

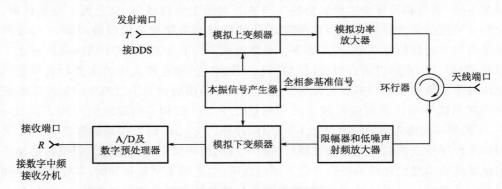

图 12.56　数字 T/R 组件的组成示意图

雷达接收时,射频回波脉冲信号由 T/R 组件的天线端口进入,经环行器送至限幅器和低噪声射频放大器,被放大后的射频回波脉冲信号在模拟下变频器中与本振信号实现模拟下变频,输出模拟中频回波脉冲信号,再经模/数转换和数字预处理后,从数字 T/R 组件的接收端口送至与其相接的数字中频接收分机。

对于 DBF 相控阵天气雷达的工作概况,可以归纳如下:监控分系统的计算机,根据探测要求的工作模式,将控制信号及工作参数送至数字波束形成单元。雷达发射时,数字波束形成单元送控制字到 DAM,DAM 通过 DDS 实现发射移相,产生一定频率和初始相位的模拟中频发射脉冲信号。该信号在数字 T/R 组件中,经与本振信号上变频,形成射频发射脉冲信号,又经固态发射机进行功率放大后输出到对应的波导窄边倾斜缝线阵。各线阵辐射各自设定的不同初相的射频发射脉冲信号电磁波,在空间完成功率合成,形成发射波束。雷达接收时,各线阵接收的射频回波脉冲信号,送至相应的 DAM 中的数字 T/R 组件中,经过限幅器和低噪声射频放大器放大后,与本振信号实施下变频,形成模拟中频回波脉冲信号,再经模拟/数字转换,成为数字中频信号,作预处理后送至对应的数字中频接收分机,经处理后,数字中频接收分机

输出数字 I/Q 信号,通过高速大容量光纤传输设备,送至数字波束形成单元和信号处理分系统。数字波束形成单元可以灵活地实现多种模式的波束形成。信号处理分系统则完成数据采集、数据格式化,将原始数据送至数据处理与显示分系统,由后者完成气象产品的生成和显示。

12.3.2.5　双偏振相控阵天气雷达

以上讨论的波导窄边倾斜缝阵列天线是辐射水平极化波的。用这种相控阵天线的多普勒天气雷达是单极化相控阵天气雷达。之前讨论过的波导宽边偏置缝阵列天线(见图 12.44),它辐射的发射脉冲电磁波是垂直极化波。如果一部相控阵天气雷达同时采用上述这两种不同极化方向的波导裂缝阵列天线的话,就成为了双偏振相控阵天气雷达了。问题在于如何在硬件配置上做到将这两种阵列天线有机地结合,融为一体,做到将波导窄边倾斜缝线阵与波导宽边偏置缝线阵,自上而下交错排列。比如 0 号线阵是波导窄边倾斜缝线阵,1 号线阵就是波导宽边偏置缝线阵,2 号线阵又是波导窄边倾斜缝线阵,如此等等。最终组成一个混合面阵,这个面阵既辐射水平极化(偏振)波,也辐射垂直极化(偏振)波。用这样的相控阵天线的多普勒天气雷达就成为了双偏振相控阵多普勒天气雷达。然而在前面的讨论中已知采用标准矩形波导构成的波导窄边倾斜缝行波阵天线的线阵中,左、右相邻裂缝之间的间距为 d_x;上、下相邻两线阵之间的间距为 d_y(参见图 12.48)。d_x、d_y 的长度均约等于 $\lambda_g/2$。采用标准波导构成的波导宽边偏置缝行波阵天线的结构状态与此相同。如果将都是采用标准波导构成的这两种极化方向不同的线阵,自上而下交错排列时,其结构状况如图 12.57 所示。由图可见,对于发射水平极化波的波导窄边倾斜缝行波阵天线而言,在其上、下相邻的两线阵之间的间距 d_y,按正常工作要求其长度约为 $\lambda_g/2$。现在由于交错配置了一个发射垂直极化波的波导宽边偏置缝线阵的缘故,明显地使 $d_y >$ $\lambda_g/2$,因为标准矩形波导的宽边 a 的长度就要略大于 1/2 波长。说明采用标准型矩形波导这种方案是不可能实现双偏振功能的。鉴于此,在目前已成型的采用波导裂缝作为天线辐射单元的双偏振相控阵天气雷达中,都是以一种脊波导取代标准型矩形波导用作波导宽边偏置缝线阵,以解决此问题。

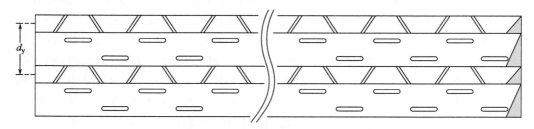

图 12.57　采用标准型矩形波导的两种极化线阵交错配置状况示意图

脊波导分为双脊波导和单脊波导,其结构示意图如图 12.58 所示。脊波导可以看作由标准型矩形波导将宽壁弯折而成。脊波导中传输的电磁场的模式与矩形波导相似,于是采用相同的模式名称,它们都用来传输 TE_{10} 型波。脊波导与标准型矩形波导相比,在结构上宽边加窄边的周长相等的前提下,传输相同工作波长的 TE_{10} 型波时,脊波导的宽边比标准型矩形波导的宽边长度要更短一些。这是解决 $d_y > \lambda_g/2$ 问题的重要因素。此外,对于波导窄边倾斜缝线阵,也以一种扁波导取代标准型矩形波导。后者的窄边 b 的长度等于宽边 a 的长度的 $1/2$,即 $b = a/2$。这是保证波导在工作频率范围内达到通过最大功率的一种选择。在小功率情况下,为了满足器件结构配置上的特殊要求,也可以选择 $b < a/2$,这样的波导称之为扁波导。例如选择 $b = a/4$,相当于将标准型矩形波导的窄边 b 缩短一半,这样的扁波导也称为半高波导。这也成为解决 $d_y > \lambda_g/2$ 的一个因素。

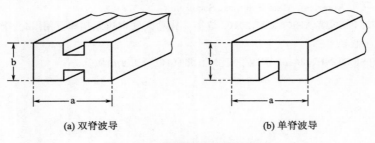

(a) 双脊波导　　　　　　(b) 单脊波导

图 12.58　脊波导的结构示意图

综上所述,以半高波导和单脊波导分别取代标准型矩形波导,分别用作波导窄边倾斜缝线阵和波导宽边偏置缝线阵的波导,将两者自上而下交错排列,组成一个混合面阵,既辐射水平极化(偏振)波,也辐射垂直极化(偏振)波,完成双偏振相控阵天气雷达的天线功能。当然,半高波导和单脊波导的功率容量都小于相应的标准型矩形波导,然而具有大量的辐射单元正是相控阵天线的特点,它们都工作于小功率状态。所以,这种组合是合理、有效的。

参考文献

葛文忠,蒋培杰,1986. 雷达探测大气和海洋[M]. 北京:海洋出版社.

马振骅,1986. 气象雷达回波信息原理[M]. 北京:科学出版社.

斯捷帕年科,1979. 雷达在气象中的应用[M]. 曲延禄,王炳忠译. 北京:科学出版社.

向敬成,张朋友,2001. 雷达系统[M]. 北京:电子工业出版社.

张光义,1994. 相控阵雷达系统[M]. 北京:国防工业出版社.

张贵付,2018. 双偏振雷达气象学[M]. 北京:气象出版社.

张培昌,杜秉玉,戴铁丕,2005. 雷达气象学[M]. 北京:气象出版社.

庄荫模,徐玉貌,1984. 雷达气象[M]. 北京:国防工业出版社.

ATLAS D,1990 . Radar in meteorology:Battan Memorial and 40th Anniversary Radar Meteorology Conference[C]. American Meteorological Society.

BRINGI V N,CHANDRAEKAR V,2010. 偏振多普勒天气雷达原理和应用[M]. 李忱,张越译. 北京:气象出版社.

MERRILL I. SKOLNIK,2010. 雷达手册[M]. 北京:电子工业出版社.